高等职业教育智能制造精品教材

灯塔工厂概论

主　编　邓秋香　徐作栋　胡江学

中南大学出版社
www.csupress.com.cn
·长沙·

内容简介

本书首先介绍与智能制造有关的理论和技术，如工业 4.0 的本质、各国智能制造的发展现状等；然后，从产品智能化、物流智能化、零售智能化、营销智能化、服务智能化 5 个方面，讲述智能制造如何对传统制造业进行重新定义；最后，展望智能制造的未来，列举大型企业智能制造案例。本书最为亮眼的是，除了介绍必要的理论，还列举了具有借鉴价值的案例，让读者对智能制造有更加深刻的了解。本书不仅具备了实用性，还具备了一定的前瞻性，可作为职业院校老师和学生了解灯塔工厂的科普书籍。

高等职业教育智能制造精品教材编委会

主 任

邓秋香　吕志明

委 员

(以姓氏笔画为序)

马　娇　　龙　超　　宁艳梅

伍建桥　　刘湘冬　　杨　超

张秀玲　　陈正龙　　欧阳再东

赵红梅　　胡军林　　徐作栋

前言 PREFACE.

面对工程机械和制造业数字化,三一集团要么"翻船"要么"翻身"——不能实现数字化升级肯定就"翻船",转型升级成功就会"翻身"变得更加强大。

——全国人大代表、三一集团有限公司董事长梁稳根

灯塔工厂,顾名思义是有"导航"作用的工厂,是引领者。自世界经济论坛和麦肯锡2018年启动全球灯塔工厂网络的项目以来,截至2021年4月,共选出69座灯塔工厂。其中,中国有20家灯塔工厂。

2021年6月30日,在喜迎中国共产党建党百年之际,三一(重庆)智能制造生产线项目首台产品下线,该生产线自动化生产率近80%,总装配线17分钟就能下线一台大型挖掘机。该项目是2020年7月1日签约,并于同年9月正式破土动工的,彰显了"三一速度"和智能制造的先进水平。

湖南三一工业职业技术学院是经湖南省人民政府批准、由三一集团投资创办的全日制普通高等职业院校,校企一体的办学性质决定了其服务的经济主体。在面对灯塔工厂蓬勃发展,给社会带来一系列颠覆式变化的时期,需要持续提升劳动者的数字技能,以驱动教育变革;在加快灯塔工厂建设、推动智能工厂转型的背景下,推动教育数字化转型、为灯塔工厂培养高端人才,是教育的重要使命。在这样的变革要求和使命驱使下,我们编撰了《灯塔工厂概论》一书,对在校生进行现代智能制造工厂的通识教育。

面对全球数字化经济浪潮、工业革命4.0的强劲步伐,面对中华民族伟大复兴"中国梦"的战略机遇和挑战,通过本书可对智能制造领路者——灯塔工厂,以及其在全球范围内有着怎样的引导作用有所了解。

本书的编撰分为3个部分共14个章节。第一部分:智能制造业的未来展望,分别讲述了

工业发展的历史情况、智能制造起源、认识灯塔工厂。第二部分：灯塔工厂的核心技术，带领读者牵手工业机器人，了解工业机器人组成、云计算、工业物联网、人工智能、数字孪生和工业互联网情况。第三部分：走进灯塔工厂，分别介绍了三一集团数字化应用案例、海尔集团智能制造案例、西门子工业数字化案例、中集集团"高端制造"案例。

"我国现在是制造大国，但是我们应该尽快建立起技术能力，向制造强国转变"，梁稳根认为，目前我们正处在中华民族伟大复兴的"中国梦"和新技术浪潮两个重大战略机遇的交汇点上，"有人说是第四次工业革命，如果我们能够抓住这一机会，更快更好地完成数字化和智能化的转型，那中国肯定会从制造大国变成制造强国"。

从制造大国变成制造强国，成为灯塔的建设者和守护人，有你有我，我们携手共进！

本书由邓秋香、徐作栋、胡江学担任主编，参加本书编写的作者还有兰世儒（第1章、第2章）、夏富平（第3章）、梁安原（第4章、第5章）、于振兴（第6章~第8章）、姚献艺（第9章、第10章）、李锦（第11章~第14章）。

在本书的编写中，我们参阅、引用了很多学术同仁的研究成果，大部分在参考文献中已列出，有的可能由于疏漏未及时注明。全书作者在此向成果的原作者表示衷心的感谢。

感谢中南大学出版社的谭平老师。她从确定本书的选题开始，与我们进行了多次沟通，既有任务下达、撰写期望与交稿要求，又有节日的问候和朋友的交流，催人奋进，是一名十分负责的总编辑。

限于作者水平，书中难免存在不足之处，恳请读者批评指示。

编　者

2022 年 1 月

CONTENTS. 目录

第一部分

智能制造业的未来展望

🧠【知识导图】

这个部分将带您了解工业发展史，即工业发展至今经历了怎样的历程；还将带您了解智能制造的起源，即什么是灯塔工厂，以及灯塔工厂何以闪亮。

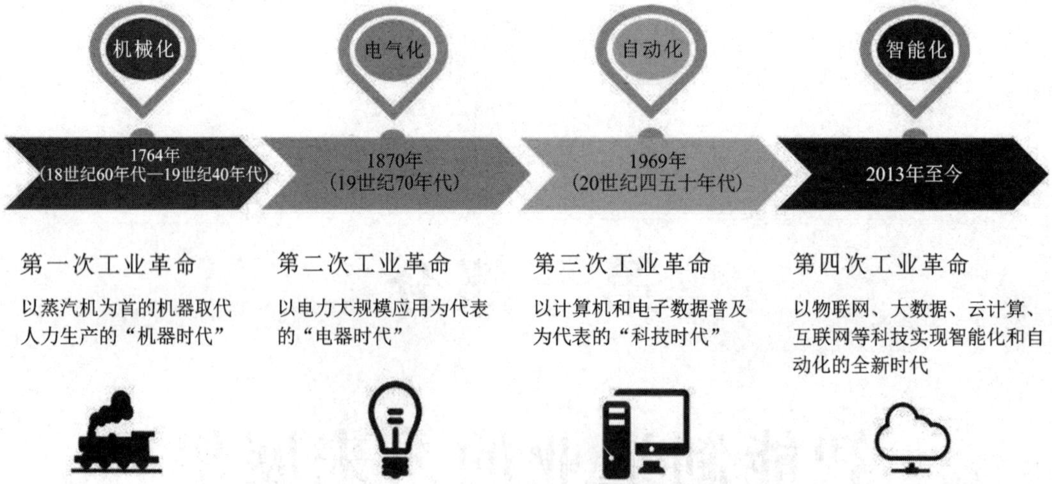

机械化	电气化	自动化	智能化
1764年 (18世纪60年代—19世纪40年代)	1870年 (19世纪70年代)	1969年 (20世纪四五十年代)	2013年至今
第一次工业革命 以蒸汽机为首的机器取代人力生产的"机器时代"	**第二次工业革命** 以电力大规模应用为代表的"电器时代"	**第三次工业革命** 以计算机和电子数据普及为代表的"科技时代"	**第四次工业革命** 以物联网、大数据、云计算、互联网等科技实现智能化和自动化的全新时代

◎【内容提要】

(1)了解工业的发展历史；
(2)对比几次工业革命，分别说出各自的特征是什么；
(3)了解灯塔工厂的概念；
(4)掌握灯塔工厂何以闪亮。

第 1 章
了解工业发展史

【工业 1.0 时代】

工业 1.0 时代(18 世纪 60 年代至 19 世纪 40 年代),最早由英国发起。工业 1.0 时代以蒸汽机为标志,是机械制造的时代。从这个时代开始,在蒸汽的驱动下,实现了以机器替代人力;经济社会也由农业、手工业向工业转型,标志着人类不甘于将自身全部精力投入在手工上。这个阶段的机器制作粗糙,虽然只能依靠蒸汽或者水力驱动,来完成一些有限的工作,但是以机器代替人类工作的工业思想开始成为工业发展的主流,第一次工业革命开创了以机器代替劳动的时代。

1765 年,瓦特(Watt)发明了蒸汽机,揭开了第一次工业革命的序幕。蒸汽机给人类带来了强大的动力,各种由动力驱动的产业机械,如纺织机、车床等,如雨后春笋般出现。织工哈格里夫斯发明珍妮纺织机(图 1-1)之后,工厂开始出现,工厂成为工业化生产的主要组织形式,发挥着日益重要的作用。

图 1-1　珍妮纺织机

图片出处 https://www.sohu.com/a/457681881_120811627

3

1785年，瓦特制成的改良型蒸汽机投入使用，它的出现提供了更加便利的动力，推动了机器的普及和发展。人类社会从此进入蒸汽时代(图1-2、图1-3)。

图1-2　蒸汽时代的纺织工厂

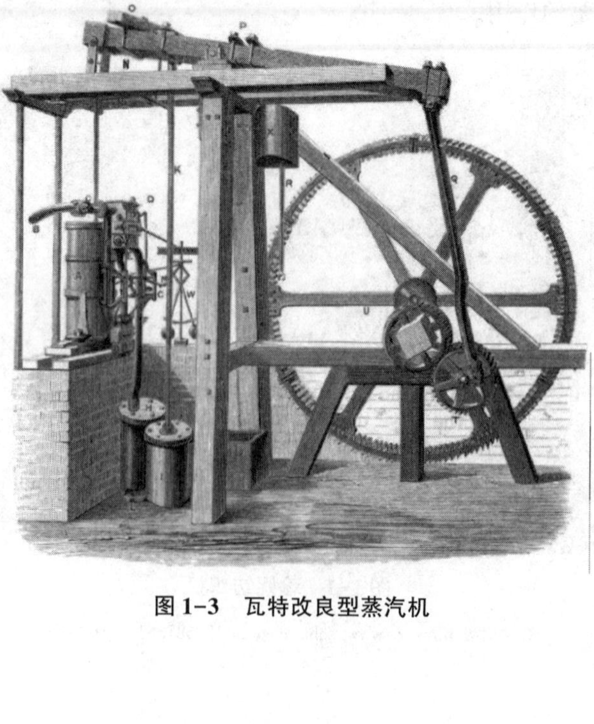

图1-3　瓦特改良型蒸汽机

1807 年，美国人富尔顿制成以蒸汽为动力的汽船，并试航成功(图 1-4)。

图 1-4 富尔顿蒸汽船

1814 年，英国人史蒂芬孙发明了蒸汽机车(图 1-5)，时速 6 km/h。

1825 年，史蒂芬孙亲自驾驶着一列拖有 34 节小车厢的火车试车成功，时速 24 km/h。从此人类的交通运输业进入一个以蒸汽为动力的时代。

1826 年，史蒂芬孙制造了蒸汽机车"火箭号"，时速 58 km/h。

1840 年，英国成为世界上第一个工业国家。

图 1-5 史蒂芬孙和他的蒸汽机车

【工业2.0时代】

工业2.0时代开始于19世纪70年代，这个时代是电气化和自动化的时代。工业1.0时代的水力与蒸汽逐渐无法满足社会发展的需要，工厂迫切需要新的能源动力和机器。发电机和内燃机的发明，开启了产品规模化生产的新模式，标志着工业2.0时代的到来。工业2.0时代的标志性产物有发电机、内燃机、电话和飞机。工业2.0的机器和动力相较于工业1.0，进步显著。得益于电话机的发展，人类的通信变得简单快捷，信息在人与人间的传播，为第三次工业革命奠定了基础。第二次工业革命，也促进了世界殖民体系的形成，使资本主义世界体系最终确立，世界逐渐成为一个整体。工业2.0时代(电气时代)的衍生品如图1-6所示。

三轮汽车

电气时代
19世纪70-80年代 电灯

自动电报记录

电话

电影放映

四轮汽车

图1-6 电气时代衍生品

1866 年，德国人西门子制成了发电机(图 1-7)，到 19 世纪 70 年代，实际可用的发电机问世。

图 1-7　西门子发电机

内燃机的发明，推动了石油开采的发展和石油化工工业的生产(图 1-8)。

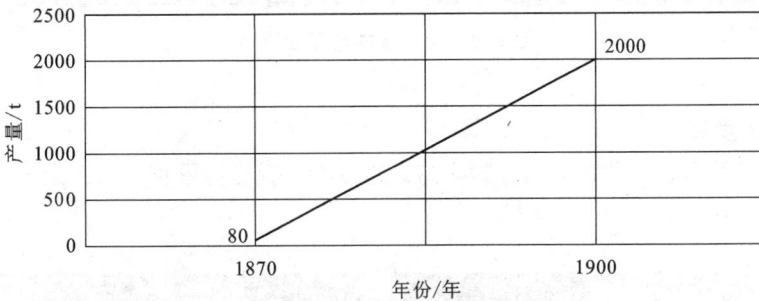

图 1-8　新能源石油的产量

【工业 3.0 时代】

工业 3.0 时代自 20 世纪四五十年代开始持续至今，即信息化时代。工业 3.0 时代以 PLC、PC 应用为标志，主要产物有生物工程、电子计算机、原子能、互联网、航天技术、人工材料等。工业 3.0 时代进一步提高了制造过程中的自动化控制程度，以互联网为信息技术的发展和应用几乎把地球上的每个人都联系了起来。工业中的生产出现了各种各样的机器人，以往那些高危、复杂、枯燥的工序都可以使用机器人代替，并且得到了更大的经济效益。人类在这个时代的"野心"不再局限于放眼所及的地球，而是星辰大海，并在航天技术的高速发展下得到了实现。如图 1-9 所示是信息技术与工业结合的图景。

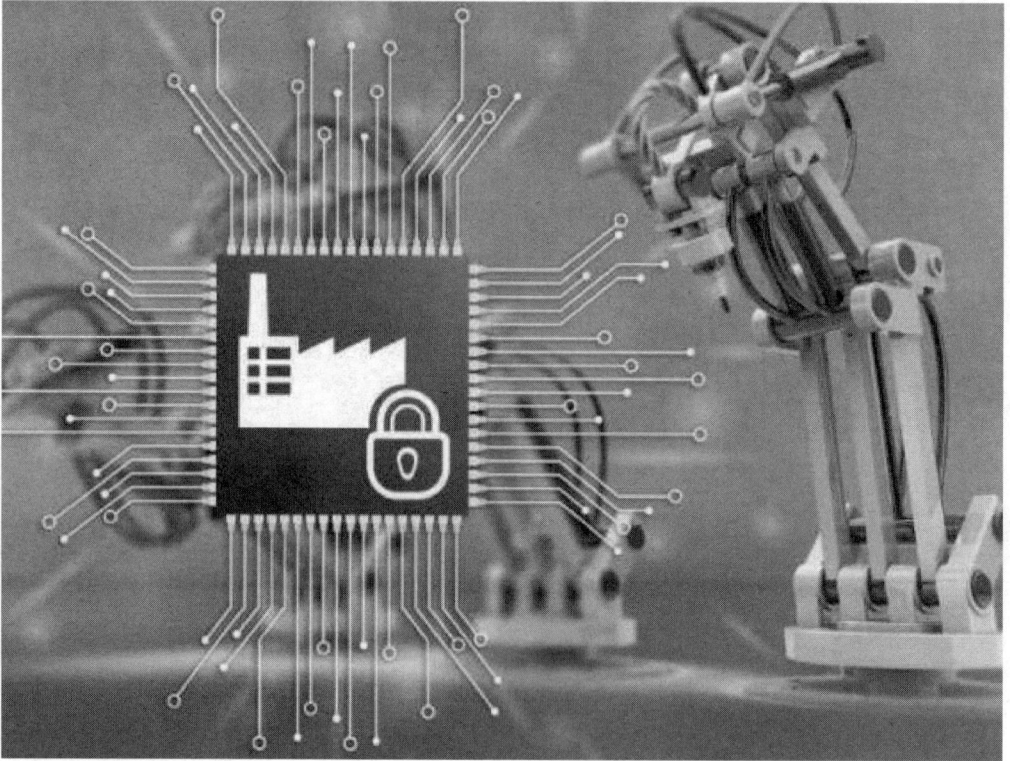

图 1-9　信息技术与工业结合

1. 空间技术发展

1957 年，苏联发射了世界上第一颗人造地球卫星"斯普特尼克 1 号"（图 1-10），开创了空间技术发展的新纪元。

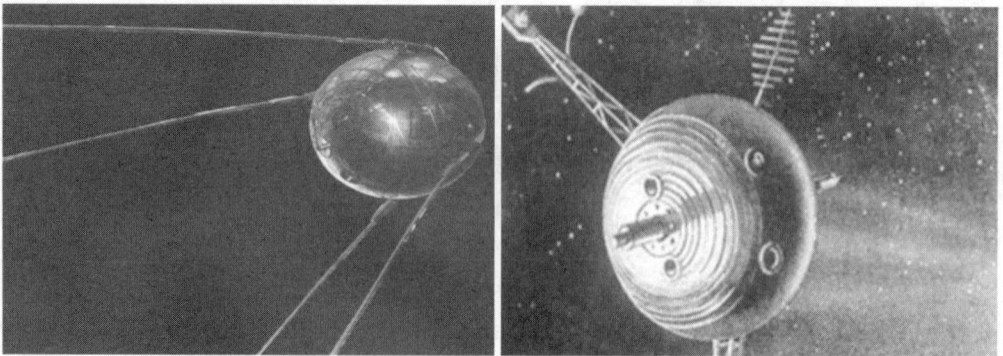

图 1-10　"斯普特尼克 1 号"

1958 年，美国发射了人造地球卫星"探险者 1 号"（图 1-11）。

1959 年以来，空间技术发展迅速（图 1-12）。

1959 年，苏联发射的"月球 2 号"成为最先把物体送上月球的卫星。

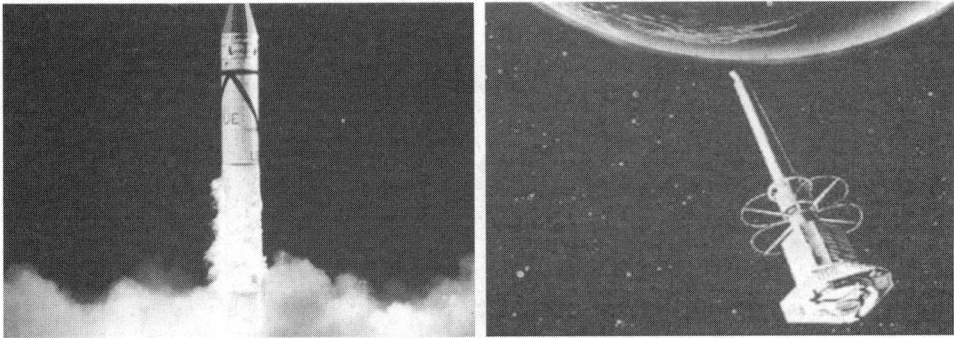

图 1-11　"探险者 1 号"

1961 年，苏联宇航员加加林乘坐飞船率先进入太空。

1969 年，美国人尼尔·阿姆斯特朗实现了人类登月的梦想。1970 年以来，空间活动由近地空间为主转向飞出太阳系。

1981 年，美国第一架可以连续使用的哥伦比亚航天飞机试飞成功，并于 2 天后安全降落。它身兼火箭、飞船、飞机等 3 种特性，是宇航事业的重大突破。

"月球2号"　　　　　　　　　　　　宇航员加加林

宇航员尼尔·阿姆斯特朗　　　　　　哥伦比亚航天飞机

图 1-12　空间技术发展迅速

1970 年，中国发射第一颗人造卫星"东方红一号"（图 1-13），中国宇航空间技术迅速发展，现已跻身于世界宇航大国之列。

图 1-13 "东方红一号"

1945 年，人类第一颗原子弹（图 1-14）在美国的新墨西哥州的沙漠中爆炸成功。这标志着人类掌握核裂变与核聚变的巨大能量时代的到来。

图 1-14 人类第一颗原子弹爆炸成功

1954 年，苏联建成第一个原子能电站（图 1-15）。

图 1-15 第一个原子能电站

1969 年，世界上有 22 个国家和地区拥有核电站反应堆共 229 座（图 1-16）。

图 1-16　核电站反应堆

2. 信息技术的发展

自 1946 年以来，信息技术发展迅速（图 1-17）。

1946 年，第一台计算机"埃尼阿克（ENIAC）"诞生，核心部件由电子管组成。

1959 年，出现第二代计算机，核心部件由电子管组成。

1964 年，出现第三代计算机，核心部件由中小规模集成电路组成。

1970 年，出现第四代计算机，核心部件由大和超大规模集成电路组成。

第一台计算机"埃尼阿克（ENIAC）"

第二代计算机

第三代计算机

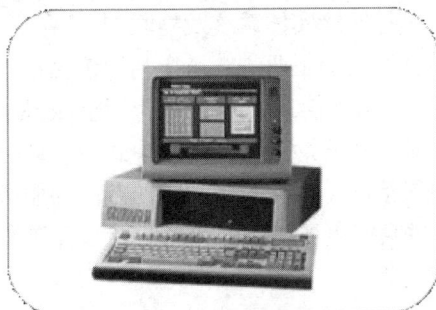

第四代计算机

图 1-17　信息技术发展迅速

【工业 4.0 时代】

所谓工业 4.0(Industry 4.0)，是基于工业发展的不同阶段做出的划分。按照目前的共识，工业 1.0 是机械(蒸汽机)时代，工业 2.0 是电气化和自动化时代，工业 3.0 是信息化时代，工业 4.0 则是利用信息化技术促进产业变革的时代，也就是智能化时代(图 1-18)。

图 1-18　智能化时代的工业 4.0

工业 4.0 时代是德国于 2013 年的汉诺威工业博览会上正式提出的一个概念，其核心目的是提高德国工业的竞争力，在新一轮工业革命中占领先机。随后，由德国政府列入《德国 2020 高技术战略》中所提出的十大未来项目之一。该项目由德国联邦教育局及研究部和联邦经济技术部联合资助，投资预计达 2 亿欧元，旨在提升制造业的智能化水平，建立具有适应性、资源效率及基因工程学的智慧工厂，在商业流程及价值流程中整合客户及商业伙伴，其技术基础是网络实体系统及物联网。

德国所谓的工业 4.0 是指利用信息物理系统(cyber-physical system, CPS)将生产中的供应、制造、销售信息数据化、智慧化，最后达到快速、有效、个人化的产品供应(图 1-19)。

工业 4.0 概念包含了由集中式控制向分散式增强型控制的基本模式转变，目标是建立一个高度灵活的个性化和数字化的产品与服务的生产模式。在这种模式中，传统的行业界限将消失，并会产生各种新的活动领域和合作形式，创造新价值的过程正在发生改变，产业链分工将被重组。

工业 4.0 项目主要分为三大主题：

一是"智能工厂"，重点研究智能化生产系统及过程，以及网络化分布式生产设施的实现。

图 1-19　工业 4.0 中的物联信息系统

　　二是"智能生产"，主要涉及整个企业的生产物流管理、人机互动以及 3D 技术在工业生产过程中的应用等(图 1-20)。该计划将特别注重吸引中小企业参与，力图使中小企业成为新一代智能化生产技术的使用者和受益者，同时也成为先进工业生产技术的创造者和供应者。

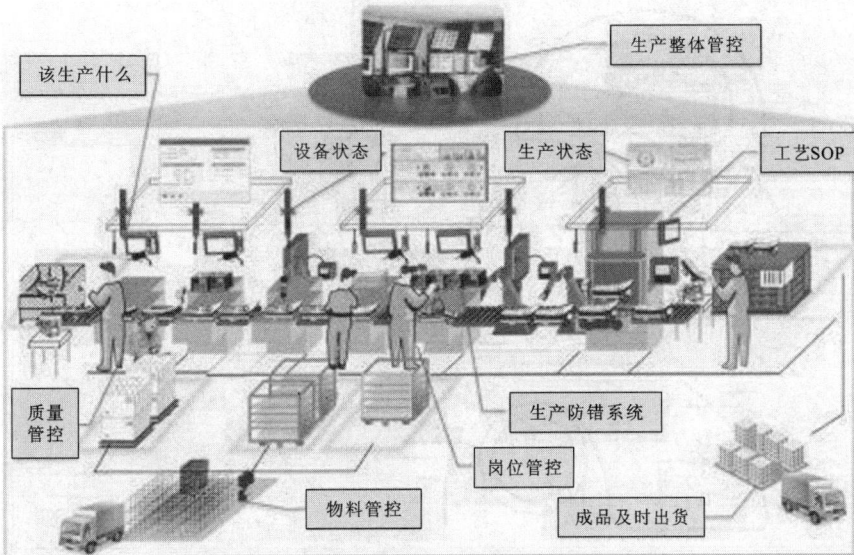

图 1-20　工业 4.0 中的智能生产系统

三是"智能物流"，主要通过互联网、物联网、物流网，整合物流资源，充分发挥现有物流资源供应方的效率；而需求方，则能够快速获得服务匹配，得到物流支持。

工业4.0这一名称的含义是人类历史上的第四次工业革命，其本质就是通过数据流动自动化技术，从规模经济转向范围经济，以同质化、规模化的成本，构建出异质化、定制化的产业，对于产业结构改革，起到至关重要的作用。

工业4.0时代是通过大数据、云计算、物联网等新型技术，将实体物理世界与虚拟的网络系统连接起来，实现工厂的智慧制造（图1-21）。

图1-21　工业4.0中新兴技术的应用

工业4.0时代将赋予机器的自我学习和自我认知的能力，通过信息物理系统实现产品的可追溯性和智能维护，对产品进行生命全周期的管理，并进一步满足生产的多样化和个性化需求（图1-22）。在工业4.0时代，机器将进一步取代人工，并实现万物互联。

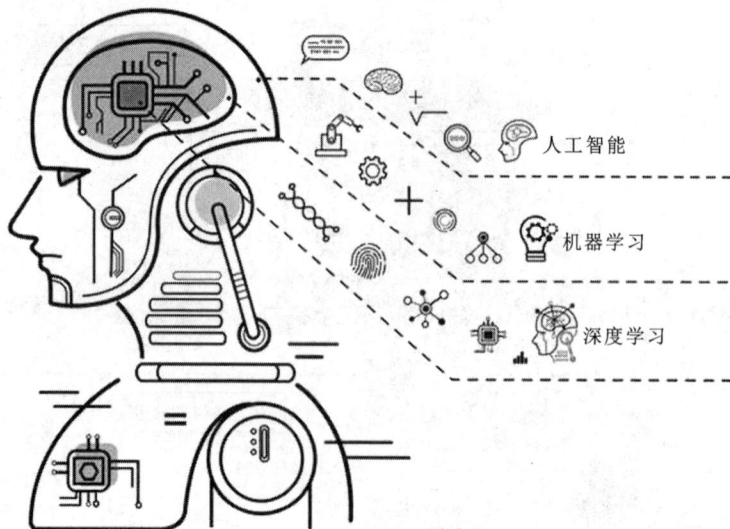

图1-22　工业4.0中的机器学习

在万物互联这张"大网"里(图1-23),人类不喜欢的工作可以由具有学习能力的机器人和人工智能自动完成,整个过程不需要人类指导。

图1-23 工业4.0中的万物互联

第 2 章
智能制造起源

【定义与现状】

智能制造是基于新一代信息通信技术与先进制造技术深度融合,贯穿设计、生产、管理、服务等制造活动的各个环节,具有自感知、自学习、自决策、自执行、自适应等功能的新型生产方式。

国际上,智能制造通常是指一种由智能机器人和人类专家共同组成的人机一体化智能系统,其技术包括自动化、信息化、互联网和智能化四个层次(图 2-1)。

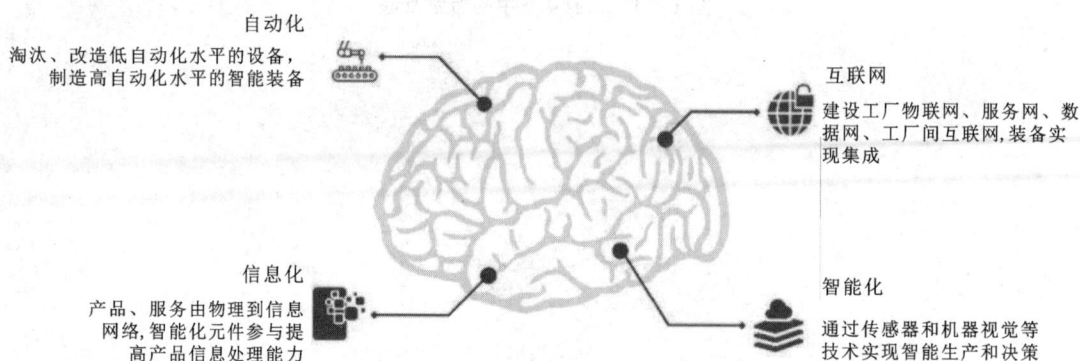

自动化
淘汰、改造低自动化水平的设备,制造高自动化水平的智能装备

互联网
建设工厂物联网、服务网、数据网、工厂间互联网,装备实现集成

信息化
产品、服务由物理到信息网络,智能化元件参与提高产品信息处理能力

智能化
通过传感器和机器视觉等技术实现智能生产和决策

图 2-1 智能制造源于人工智能的研究

智能制造,源于对人工智能的研究。一般认为智能是知识和智力的总和,前者是智能的基础,后者是指获取和运用知识求解的能力(图 2-2)。

今天,我们迎来了第四次工业革命,以智能制造为主导,运用信息物理系统,实现生产方式的现代化。

智能制造应当包含智能制造技术和智能制造系统,智能制造系统不仅能够在实践中不断地充实知识库,而且还具有自主学习功能,能搜集与理解环境信息和自身信息,并进行分析判断和规划自身行为。

智能制造在制造过程中能进行智能活动,诸如分析、推理、判断、构思和决策等,通过人

图 2-2　智能制造源于人工智能的研究

与智能机器的合作共事，去扩大、延伸和部分地取代人类专家在制造过程中的脑力劳动。它把制造自动化的概念更新，扩展到柔性化、智能化和高度集成化(图 2-3)。

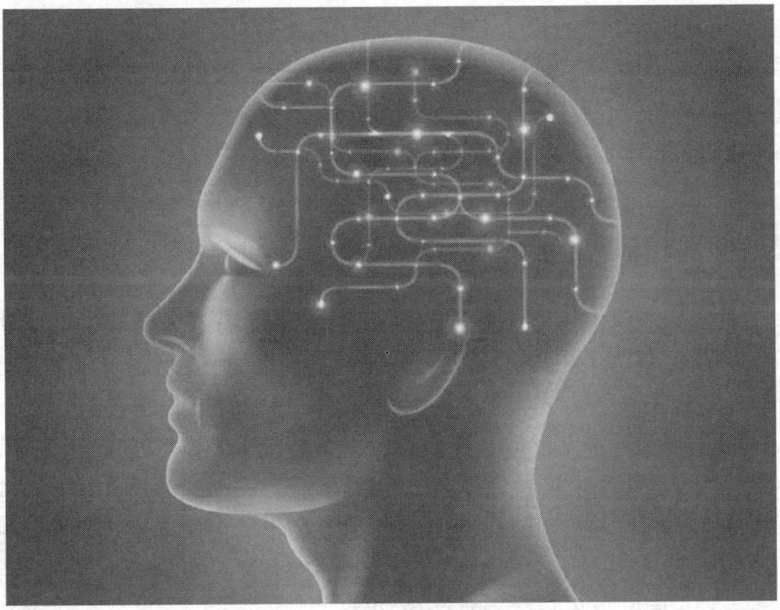

图 2-3　人机一体化智能系统

它突出了在制造诸环节中，以一种高度柔性与集成的方式，借助计算机模拟人类专家的智能活动，进行分析、判断、推理、构思和决策，取代或延伸制造环境中人的部分脑力劳动，同时收集、存储、完善、共享、继承和发展人类专家的制造智能（图2-4）。由于这种制造模式，突出了知识在制造活动中的价值地位，而知识经济又是继工业经济后的主体经济形式，所以智能制造成为影响未来经济发展过程的应用于制造业的重要生产模式。智能制造系统是智能技术集成应用的环境，也是智能制造模式展现的载体。

图2-4 机器模拟人类活动

智能制造的实质是物联网的智能工业。智能化是制造自动化的发展方向，在制造过程的各个环节几乎都广泛应用了人工智能技术。专家系统技术可以用于工程设计、工艺过程设计、生产调度、故障诊断等，也可以将神经网络和模糊控制技术等先进的计算机智能方法应用于产品配方、生产调度等，实现制造过程智能化。

【机遇和挑战】

人类进入工业社会之后，制造业逐渐成为一个国家经济能力乃至综合国力的基石。当前，全球经济普遍面临转型压力，作为经济体系的稳定器，制造业迎来了前所未有的发展机遇，同时也面临着多重挑战。首先，在市场层面，越来越多的行业面临全球性产能过剩问题。市场竞争激烈，需求从过去的大批量、规模化，逐渐转向小规模、个性化定制的新型模式。其次，在社会层面，随着就业人口数量不断下降和劳动力成本的急剧上升，现有环境资源负担沉重，整个社会生产组织方式面临转型升级压力。最后，在技术层面，在普遍自动化的基础上，物联网、边缘计算、云计算、大数据、人工智能等技术的发展为制造业的进一步升级提供了强大的技术支撑，同时也提出了更高的管理要求。

可以说，智能制造是技术、社会和市场多方面要素驱动的结果。近年来，世界主要工业国纷纷将智能制造上升到国家战略高度，致力于在关键智能制造技术上取得领先地位。

智能制造源于人工智能的研究。人工智能就是用人工方法在计算机上实现的智能。首先，随着产品性能的完善化及其结构的复杂化、精细化，以及功能的多样化，促使产品所包含的设计信息和工艺信息量猛增，生产线和生产设备内部的信息流量随之增加，制造过程和管理工作的信息量也必然剧增，因而促使制造技术发展的热点与前沿，转向了提高制造系统对爆炸性增长的制造信息处理的能力、效率及规模上。先进的制造设备离开了信息的输入就无法运转，柔性制造系统（FMS）一旦被切断信息来源，就会立刻停止工作。专家认为，制造系统正在由原先的能量驱动型转变为信息驱动型，这就要求制造系统不但要具备柔性，而且还要表现出智能，否则难以处理如此大量而复杂的信息工作量。其次，瞬息万变的市场需求和激烈竞争的复杂环境，也要求制造系统表现出更高的灵活性、敏捷性和智能化。因此，智能制造越来越受到高度的重视。纵览全球，虽然总体而言，智能制造尚处于概念和实验阶段，但各国政府均将此列入国家发展计划，大力推动实施。智能制造基本框架如图 2-5 所示。

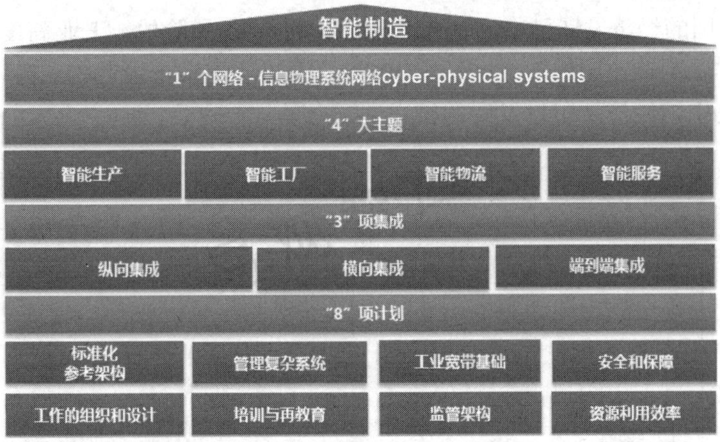

图 2-5　智能制造基本框架

当前世界范围内，美国、加拿大、日本、德国仍然是智能制造发展的焦点地区。

美国：美国 2009 年开始向制造业回归，通过智能制造解决美国制造业在人力成本等方面的劣势，重振美国高端制造业。

1992 年美国执行新技术政策，大力支持被总统称之为的关键重大技术（critical techniloty），包括信息技术和新的制造工艺，智能制造技术也在其中，美国政府希望借助此举改造传统工业并启动新产业。

2012 年和 2014 年先后发布 AMP 报告（《获取先进制造业国内竞争优势》《加速美国先进制造业》），明确了三个制造技术优先领域（制造业中的先进传感、先进控制和平台系统，虚拟化、信息化和数字制造，先进材料制造）及技术战略建议。

加拿大：加拿大制定的《1994—1998 年发展战略计划》，认为未来知识密集型产业是驱动全球经济和加拿大经济发展的基础，认为发展和应用智能系统至关重要，并将具体研究项目选择为智能计算机、人机界面、机械传感器、机器人控制、新装置、动态环境下系统集成。

日本：日本 1989 年提出智能制造系统，并于 1994 年启动了先进制造国际合作研究项目。该项目包括了公司集成和全球制造、制造知识体系、分布智能系统控制、快速产品实现的分布智能系统技术等。

此外，日本在智能制造领域发展也有亮点。作为机器人领域强国，日本于 2015 年提出"机器人新战略"，通过将机器人与 IT 技术、大数据、网络、人工智能等深度融合，在日本建立世界机器人技术创新高地，构建世界一流的机器人应用社会，继续引领物联网时代机器人的发展。

德国：德国在 2013 年正式推出工业 4.0 战略。2013 年和 2016 年发布的《确保德国制造业的未来——实施战略行动工业 4.0 的建议》和《实施工业 4.0 战略》，提出将物联网及服务技术融入制造业，希望通过信息通信技术和物理生产系统的结合，打造全球领先的装备制造业，使德国成为先进智能制造技术的主要创造国和供应国。

欧洲联盟的信息技术相关研究有 ESPRIT 项目，该项目大力资助有市场潜力的信息技术。1994 年又启动了新的 R&D 项目，选择了 39 项核心技术，其中三项核心技术(信息技术、分子生物学和先进制造技术)均突出了智能制造的位置。

近年来，中国的经济发展已由高速增长转入高质量发展阶段，工业高度发展时期已过，进入新常态。尽管制造业增加值在全国 GDP 总量中的比重呈下滑趋势，但以制造业为代表的实体经济才是中国经济高质量发展的核心支撑力量(图 2-6)。

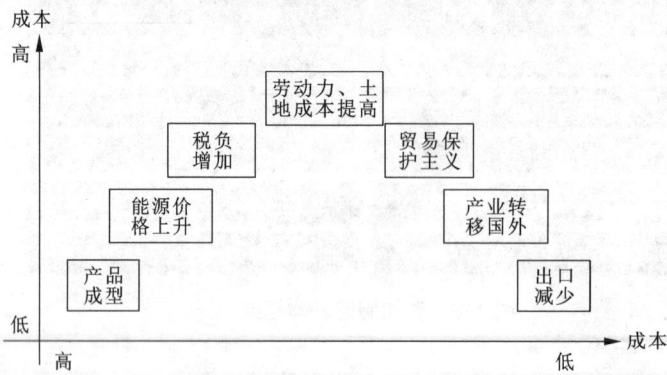

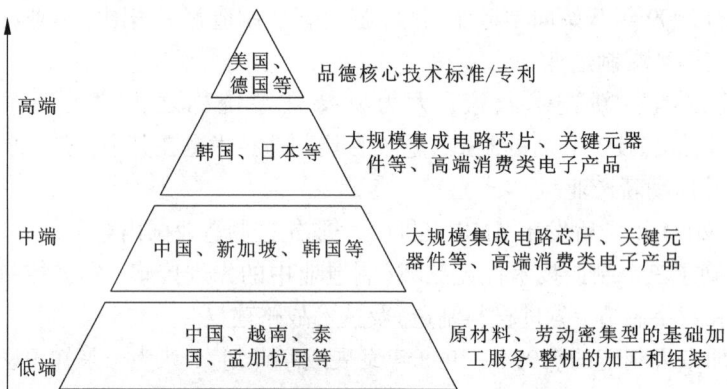

图 2-6 中国制造业增加值及占 GDP 总量的比重

目前，我国仍处于工业 2.0(电气化)的后期阶段，存在一系列问题：质量基础相对薄弱、产业结构不合理、资源利用率偏低、行业信息化水平不高、劳动力成本提高。工业 3.0(信息化)还有待进一步普及,工业4.0(智能化)正在尝试尽可能做一些示范,制造的自动化和信息化正在逐步布局。

21世纪以来,中国制造业平均工资逐年增长,增速加快。2017年中国城镇单位就业人员平均工资达到7.43万元/年,是泰国和越南的2.14和3.51倍。中国劳动力成本优势逐渐丧失,世界制造中心逐渐向东南亚等劳动成本低的国家转移,中国各工业企业面临着越来越高的人工成本压力(图2-7)。

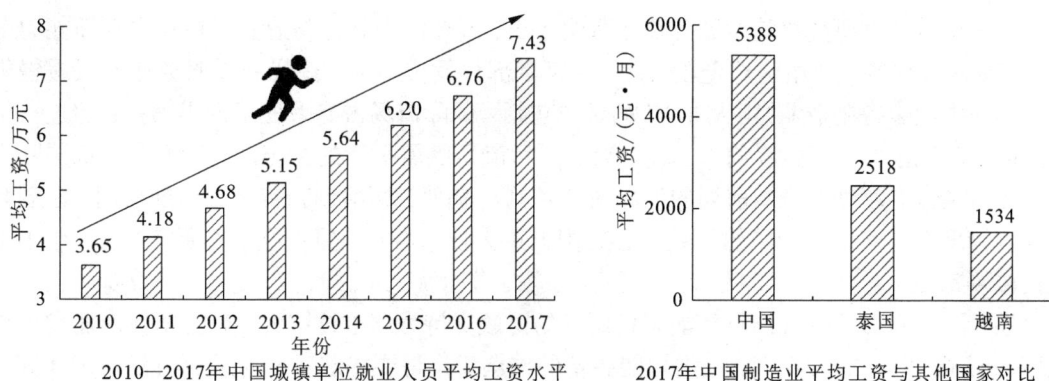

2010—2017年中国城镇单位就业人员平均工资水平　　2017年中国制造业平均工资与其他国家对比

图2-7　人口老龄化、工资高企导致劳动力优势减弱

由于人口老龄化加快,劳动力供给不断减少,2013年至2018年中国劳动人口比重从73.9%下降到71.8%,预计到2023年,会下降至70%。同时,工业机器人成本回收期在不断下降,与人力成本上升趋势形成了剪刀差,在人力成本上升与设备价格上升的确定性趋势下,未来工业机器人回收期有望进一步缩短,机器替换人工的经济型临界点已来临(图2-8)。

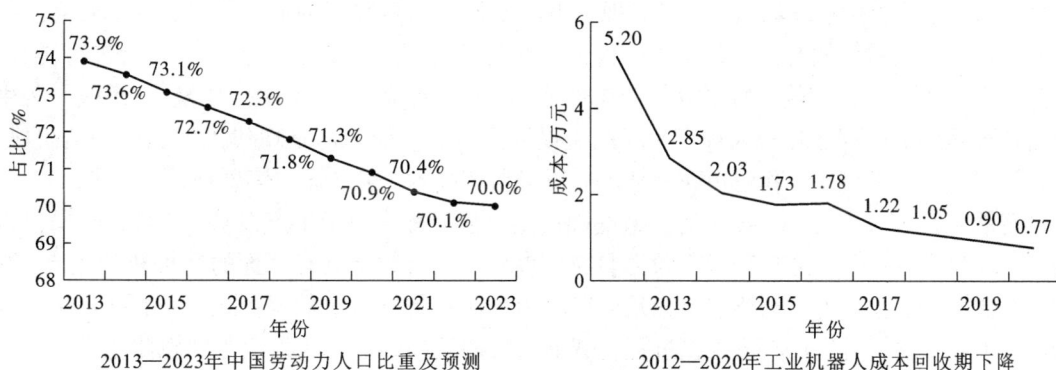

2013—2023年中国劳动力人口比重及预测　　2012—2020年工业机器人成本回收期下降

图2-8　人口老龄化、工资高企导致劳动力优势减弱

【出路和方向】

20世纪80年代末,中国也将"智能模拟"列入国家科技发展规划的主要课题,并已在专家系统、模式识别、机器人、汉语机器理解方面取得了一批成果。国家科技部正式提出了工业智能工程，作为技术创新计划中，创新能力建设的重要组成部分，智能制造将是该项工程中的重要内容。

由此可见，智能制造正在世界范围内兴起，它是制造技术发展，特别是制造信息技术发展的必然，也是自动化和集成技术向纵深发展的结果。

智能装备面向传统产业改造提升和战略性新兴产业发展需求，重点包括智能仪器仪表与控制系统、关键零部件及通用部件、智能专用装备等。它能实现各种制造过程自动化、智能化、精益化、绿色化，带动装备制造业整体技术水平的提升。

中国机械科学研究总院原副院长屈贤明指出，现今国内装备制造业存在自主创新能力薄弱、高端制造环节主要由国外企业掌握、关键零部件发展滞后、现代制造服务业发展缓慢等问题。而中国装备制造业"由大变强"的标志包括：国际市场占有率处于世界第一；超过一半产业的国际竞争力处于世界前三，成为影响国际市场供需平衡的关键产业；拥有一批国际竞争力和市场占有率处于全球前列的世界级装备制造基地；原始创新突破，一批独创、原创装备问世等多个方面。该领域的研究中心有国家重大技术装备、独立第三方研究中心、中国重大机械装备网。

在"十二五"期间，我国对智能装备研发的财政支持力度继续增大，智能装备产业发展重点更加明确。"十二五"期间，国内智能装备的重点工作是要突破新型传感器与仪器仪表等核心关键技术，推进国民经济重点领域的发展和升级。

智能制造延伸智能到具体的工厂，就是智能工厂。智能工厂，首先是机器生产机器，或者说自己生产自己；其次是无人工厂，或黑灯工厂，或百分百全智能工厂，并不是机器替换了人类，而是人与智能机器并存。然而实现智能工厂的基础和前提是实现数字化工厂，在组成上主要分为三大部分（图2-9）。在企业层对产品研发和制造准备进行统一管控，与 ERP 进行集成，建立统一的顶层研发制造管理系统；管理层、操作层、控制层、现场层通过工业网络（现场总线、工业以太网等）进行组网，实现从生产管理到工业网底层的网络连接，满足管理生产过程、监控生产现场执行、采集现场生产设备和物料数据的业务要求；除了要对产品开发制造过程进行建模与仿真外，还要根据产品的变化对生产系统的重组和运行进行仿真，在生产系统投入运行前就了解系统的使用性能，分析其可靠性、经济性、质量、工期等，为生产制造过程中的流程优化和大规模网络制造提供支持。智能工厂是现代工厂发展的新阶段，是在工厂数字化基础上，利用物联网技术和设备监控技术，来加强与信息相关的服务。

智能工厂有三大特征。第一是信息基础设施高度互联，包括生产设备、机器人、操作人员、物料和成品；第二是制造过程数据具备实时性，生产数据具有平稳的节拍和到达流，数据的存储与处理也具有实时性；第三是可以利用存储的数据从事数据挖掘分析，有自主学习功能，还可以改善与优化制造工艺过程。智能工厂的发展趋势是从柔性化到敏捷化再到智能化最后到信息化（图2-10）。

商业模式对制造业来说至关重要。在工业4.0时代，未来制造业的商业模式是以解决顾客问题为主。所以说，未来制造企业将不仅仅进行硬件的销售，还通过提供售后服务和其他后续服务，来获取更多的附加价值，这就是软性制造；而带有"信息"功能的系统成为硬件产品新的核心，这意味着个性化需求、批量定制将成为潮流。制造业的企业家们要在制造过程中尽可能多地增加产品附加价值，拓展更多、更丰富的服务，提出更好、更完善的解决方案，满足消费者的个性化需求，走"软性制造+个性化定制"的道路。如此，我国制造业才能跟上

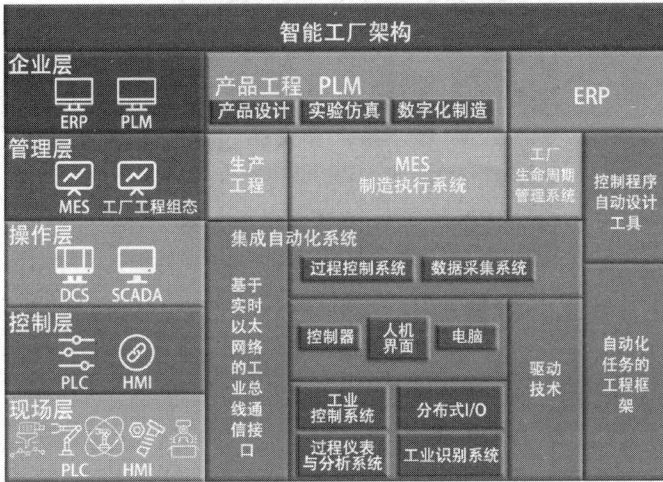

图 2-9　智能工厂架构

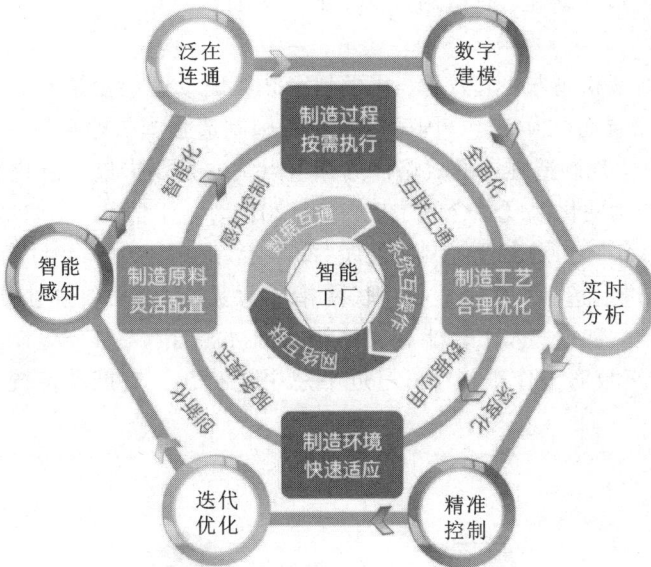

图 2-10　智能工厂特征关系

全球工业革命的步伐，由"中国制造"真正转型为"中国智造"。

改革开放以来，中国已经发展成为工业大国，中国的制造业更是在全球供应链中占据重要地位。到 2010 年，中国制造业的规模已经超过了美国，跃居世界第一。随着快速崛起的新兴经济体以更为低廉的成本优势加入竞争，我国部分以代工为主的生产企业面临巨大的生存压力。2014 年以来，东南沿海地区部分加工制造企业倒闭，由此可能会引发其他地区制造企业关门倒闭的连锁反应。与此同时，很多发达国家正在反思"制造业空心化"问题，积极推进新的制造业发展战略，这些因素都对中国制造业形成高压态势，中国制造业正面临着国内外"双重挤压"的局面。因此，中国制造转型升级势在必行(图 2-11)。

图 2-11　中国机遇：工业 4.0

【中国制造 2025】

作为国家间经济竞争的主战场，制造业在中国经济转型升级以及国际分工重新划分中占据着至关重要的地位，决定了这次"史诗级"战役的成败。在高新技术密集爆发的大背景下，智能制造无疑是制造业发展的重要驱动力，是推动制造业高质量发展的主攻方向。大力推进智能制造发展，是创造新动能、打造新优势，不断增强核心竞争力，推动我国产业迈向中高端的关键举措。

在政府层面，国家和地方一起发力，积极制定政策驱动智能制造，为我国智能制造发展把握好大方向。国家层面：2015 年，国务院发布实施制造强国战略第一个十年行动纲领《中国制造 2025》，提出实现制造强国的战略任务和重点之一是要推进信息化和工业化的深度融合，要把智能制造作为两化深度融合的主攻方向；2016 年，工信部、财政部发布《智能制造发展规划（2016—2020 年）》，提出智能制造发展"两步走"战略；2017 年 11 月，国务院发布《关于深化"互联网+先进制造业"发展工业互联网指导意见》，提出要加快建设和发展工业互联网，推动互联网、大数据、人工智能和实体经济深度融合，发展先进制造业，支持传统产业优化升级；2019 年政府工作报告中，习近平总书记提出，要推动传统产业改造提升（图2-12）。

□ 顶层政策体系

| 2012年工信部、科技部《智能制造装备产业"十二五"发展规则》 | 2015年工信部、发改委等《中国制造2025》 | 2016年12月工信部《智能制造发展规则（2016—2020年）》 | 2018年8月工信部、标准化管理委等《国家智能制造标准体系建设指南（2018年版）》 |

□ 细节政策引导

| 《机器人产业发展规则（2016—2020年）》 | 《智能硬件产业创新发展专项行动（2016—2020年）》 | 《新一代人工智能发展规划》 | 《工业互联网发展动计划》 | 《高端智能再制造行动计划（2018—2020年）》 | 《工业互联网APP培育工程实施方案》 |

图 2-12　从制造大国转向制造强国

第 3 章
认识灯塔工厂

【智能制造的领跑者——灯塔工厂】

灯塔工厂(lighthouse network)是数字化制造和全球化 4.0 的示范者,由世界经济论坛(WEF)和麦肯锡咨询公司共同遴选。它的评判标准包括是否拥有第四次工业革命的所有必备特征,具体包括自动化、工业物联网(IIOT)、数字化、大数据分析、第五代移动通信技术(5G)等技术(图 3-1)。

灯塔工厂被视为第四次工业革命的领路者,是数字化制造和全球化 4.0 的表率。它们遍布各个行业和地区,规模大小不一,甚至并没有用机器取代工作者,而是专注工作变革提高效能,因此也是"世界上最先进的工厂"。

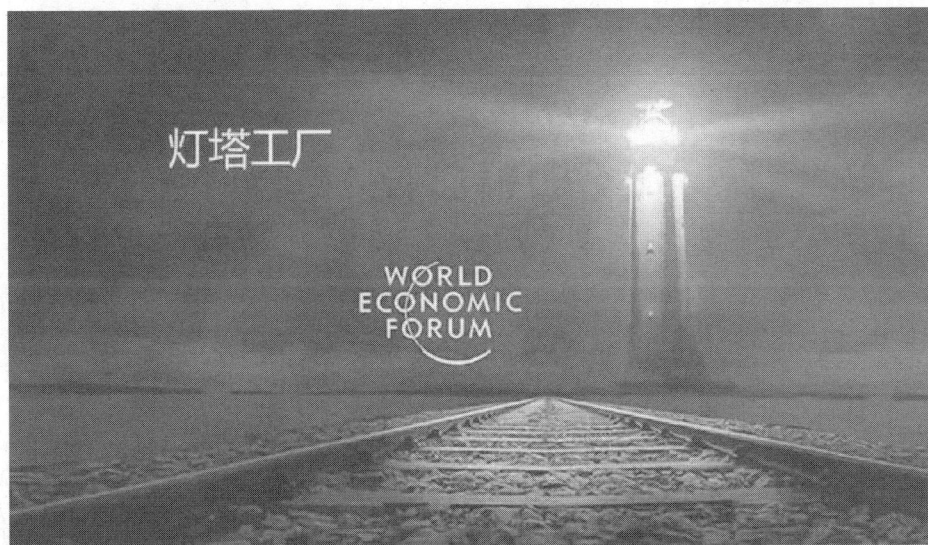

图 3-1　灯塔工厂照亮数字化航道

为了缩小领跑者与落后者之间的差距,并加快先进制造技术的普及,世界经济论坛于2018 年携手麦肯锡启动了全球灯塔网络项目。该网络中的制造商在使用第四次工业革命技术推动工厂、价值链和商业模式的转型方面均展现出了卓越的领导力，他们也因此获得了业绩、运营和环保方面的傲人回报。截至 2021 年 4 月，全球灯塔网络总数升至 69 家，涵盖不同的行业类别。世界经济论坛在识别灯塔工厂的过程中，运用了综合、全面的独立筛选流程，基于切实可见的成果和用例，全球多个行业的 1000 多家公司参与评估，评选结果被提交至由世界领先的第四次工业革命专家组成的独立委员会，进行最终甄选。如今，全球灯塔网络的成员正在积极开展跨行业学习，生成和分享有关最佳用例、路线图和组织做法的洞见，以便在大规模部署先进技术的同时，向着以人为本、兼收并蓄、可持续发展的制造业转型。

当前众多公司对工业 4.0 产生误解，因此灯塔工厂的意义不仅仅是对先行者的一种肯定，也在传达一个重要信息：以价值为导向的应用推介，即通过灯塔工厂可以了解哪些生产方法是能够驱动全球经济增长的新引擎，同时发现运用前瞻性思维部署新科技，可把制造业的效率推升到新的层面。

对于企业而言，入选灯塔工厂则意味着在大规模采用新技术方面走在了世界前沿，并在业务流程、管理系统以及工业互联网、数据系统等方面都有着卓越而深入的创新，能形成快速反应市场需求、创新运营模式、绿色可持续发展的全新形态。

【灯塔工厂甄选组织——世界经济论坛（WEF）】

世界经济论坛（World Economic Forum，WEF）是一个以基金会形式成立的非营利组织，成立于 1971 年，总部设在瑞士日内瓦州科洛尼。它根据"瑞士东道国法"于 2015 年 1 月获得正式地位，确认论坛作为国际公私合作机构的性质。其以每年冬季在瑞士滑雪胜地达沃斯举办的年会（俗称达沃斯论坛，Davos Forum）闻名于世，历次论坛均聚集全球工商、政治、学术、媒体等领域的领袖人物，讨论世界所面临的最紧迫问题（图 3-2）。

WORLD ECONOMIC FORUM

图 3-2 世界经济论坛

1971 年，时任日内瓦大学商业政策教授的克劳斯·施瓦布，邀请 444 位西欧公司的商业执行者，在达沃斯会议中心召开了首届"欧洲管理讨论会"。在欧洲委员会和欧洲行业协会的支持下，施瓦布希望向欧洲公司介绍美国的商业管理实践。因此，他以非营利组织的形式建立了"欧洲管理论坛"，总部设在日内瓦，并召集欧洲商业领袖每年 1 月在达沃斯举行年会。

"欧洲管理论坛"在 1987 年正式更名为"世界经济论坛"，并希望拓宽为一个解决国际争端的平台。政治领导人也开始使用达沃斯论坛这个中立的平台来解决他们的分歧。

2008 年，比尔·克林顿发表题为"创造性资本主义"的主旨讲话——一种新型的资本主义形式，通过发挥市场力量更好地满足穷人的需求，在产生经济利润的同时解决世界不平等问题。

2014 年 5 月 8 日，李克强总理出席世界经济论坛非洲峰会全会，并发表特别致辞。

2019 年 1 月 25 日年会期间，来自 76 个国家和地区的谈判代表达成一致，签署《关于电子商务的联合声明》，确认启动与贸易有关的电子商务议题谈判。

2021 年，因新型冠状病毒肺炎疫情持续，国际旅游受重大限制，故当届年会取消。

世界经济论坛的经济支持来自其 1000 家基金会会员。会员企业是需满足年收入额在 50 亿美元以上的国际企业和其行业或国家中的佼佼者，并对于该行业或区域的未来发展起重要作用。

每年一月末，在达沃斯举行的年会是世界经济论坛的旗舰活动。在瑞士阿尔卑斯山度假胜地举行的年会，每年吸引 1000 家论坛会员企业的首席执行官到来，同时还有来自政界、学界、非政府组织、宗教界和媒体的众多代表，只有收到世界经济论坛邀请的人士才可参会。每年约有 2200 位参会者参加为期五天的会议，列入正式会议议程的场次多达 220 余场。会议议程强调关注全球重点问题（如国际争端、贫困和环境问题）并提出可能的解决方案。全球约有来自网络、纸媒、广播和电视媒体的 500 余名记者到会场进行报道，媒体可以进入所有列入正式议程的会议场次，其中一些场次可通过网络视频观看。

2007 年起，世界经济论坛在中国举办首届"新领军者年会"，即夏季达沃斯论坛。论坛召集"全球成长型企业"，在中国的天津和大连集会，这些企业主要是在经济新兴国家（如中国、印度、俄罗斯和巴西）中的商业领军企业，还包括一些发达国家中迅速发展的企业。同时，年会与下一代全球领袖、迅速发展地区、有竞争力城市和技术先驱者进行密切合作。

世界经济论坛每年举办 10 余场会议，使企业领袖与举办地政府和非政府组织密切沟通，会议分别在非洲、东亚、拉美和中东等地举行，每年选择不同的主办国家，但在过去十年中，中国与印度已成为论坛的长期主办国家。

【灯塔工厂甄选公司——麦肯锡公司】

麦肯锡公司（简称麦肯锡，McKinsey & Company）是一所由芝加哥大学会计系教授詹姆斯·麦肯锡创立于芝加哥的管理咨询公司，营运重点是为企业或政府的高层干部献策、针对庞杂的经营问题给予适当的解决方案，有"顾问界的高盛"之称（图 3-3）。麦肯锡的咨询服务如今已扩展到全世界各大企业，《科学》杂志伦敦记者戏称："如果上帝决定要重新创造世界，他会聘请麦肯锡。"《财星》杂志 2014 年"企管硕士最向往企业"调查，麦肯锡仅次于谷歌，高居第二名。

McKinsey
& Company

图 3-3　麦肯锡公司

麦肯锡采取"公司一体"的合作伙伴关系制度，在全球 44 个国家有 80 多个分公司，共拥有 7000 多名咨询顾问。麦肯锡大中华分公司包括北京、香港、上海与台北四家分公司，共有 40 多位董事和 250 多位咨询顾问。在过去十年中，麦肯锡在大中华区完成了 800 多个项目，涉及公司整体与业务单元战略、企业金融、营销/销售与渠道、组织架构、制造/采购/供应链、技术、产品研发等领域。

公司的客户对象：面向总裁、高级主管、部长、大公司的管理委员会，非营利性机构及政府高层领导。

主要业务范围：为客户特别是为企业，设计、制定相配套的一体化解决方案，包括战略开发、经营运作、组织结构。

麦肯锡的工作重点集中于客户可以量化的业绩改进，比如说改进销售收入、利润成本、供货时间、质量等。麦肯锡的咨询重点放在高级管理层所关心的议题上，工作内容属于战略、总体组织和相关政策领域各占 1/3，但在中国，战略和组织机构设计占比偏重。

麦肯锡拥有 4500 多名咨询人员，分别来自 78 个国家，均具有世界著名学府的高等学位。截至 1997 年初统计，咨询人员中，企业管理硕士（MBA）占 49%，具有博士学位的占 16%。在招聘咨询人员时，麦肯锡着眼于和杰出的品格解决问题的能力、卓越的智慧、有效地同各层次人士交往的能力。麦肯锡多数咨询人员在加入之前，已具有相当的业务经验。在麦肯锡，职位级别和成就直接挂钩。在咨询人员的职业生涯中，麦肯锡对咨询人员的业绩进行评审，评估其解决问题的质量和对客户的影响。

麦肯锡大多数的客户均为各国优秀的大型公司，如排在《财富》杂志前 500 强的公司。这些公司分布于汽车、银行、能源、保健、保险、制造、公共事业、零售、电信和交通等各行各业。世界排名前 100 家公司中 70% 左右是麦肯锡的客户，其中包括 AT&T 公司、花旗银行、柯达公司、壳牌公司、西门子公司、雀巢公司、奔驰汽车公司。麦肯锡在中国的客户有广东今日集团、中国平安保险集团等。

【灯塔工厂全球行业分布】

2017 年以来，一批领先制造商在第四次工业革命技术的应用上进展瞩目，因而荣登灯塔工厂之榜。纵观灯塔工厂的发展脉络，不难看出，他们的数字化进程都始于运营系统的转型，随后，依托物联网集成与员工技能重塑等驱动因素，数字技术得以实现规模化发展。

灯塔工厂不仅数量与日俱增，发展态势也如火如荼。所有灯塔工厂都已在工厂层面成功转型。

全球灯塔工厂网络提供了一片独特的空间，让所有企业都能通过部署技术，重塑劳动力，摆脱"试点困境"来分享和学习最佳实践，培养新型合作关系，并加速向未来制造转型。

灯塔工厂网络持续扩容，欢迎不同行业的新成员（图 3-4）。灯塔网络中的新老成员规模各异，所属行业也千差万别。这一点清楚地表明，大规模推广第四次工业革命创新所需的决策、转变和战略不仅适用于传统制造业，也适用于其他行业。这些决策、转变和战略并不限于某一行业，无论企业是主攻定制消费品、先进电子、能源生产，还是生物制药，他们都在实现规模化发展和可持续增长的路上，遵循着同样的原则。此外，灯塔网络成员规模不一，有的员工数量上万，有的员工数量甚至不足 100 人。这一点也从侧面证明，第四次工业革命技术至关重要，并且无论规模大小，所有制造企业都有实现该目标的潜力。

消费品行业

阿里巴巴
服饰，中国

汉高
消费品，德国

汉高
消费品，西班牙

保洁
消费品，捷克

保洁
消费品，美国

保洁
消费品，法国

青岛啤酒
消费品，中国

联合利华
消费品，中国

保洁
消费品，中国

联合利华
消费品，阿联酋

流程工业

宝钢
钢铁制品，中国

DCP Midstream
油气，美国

MODEC
油气，巴西

Petkim
消费品，捷克

保洁
钢铁制品，韩国

ReNew Power
可再生能源，印度

Petrosea
消费品，中国

沙特阿美
油气，沙特阿拉伯

塔塔钢铁（两家）
钢铁制品，印度

塔塔钢铁
钢铁制品，荷兰

STAR炼油厂
油气，土耳其

沙特阿美
天然气处理，沙特阿拉伯

先进工业

爱科
农业设备，德国

Arcelik
加用电器，罗马尼亚

宝马集团
汽车，德国

博士（两家）
汽车，中国

爱立信
电子设备，美国

UPS参股的Fast Radius
可再生能源，印度

福特奥特桑
汽车，土耳其

福田康明斯
汽车，中国

富士康工业互联网
电子设备，中国

雷诺集团
汽车，巴西

雷诺集团（两家）
汽车，德国

海尔
家用电器，中国

日立
工业设备，日本

惠普
电子设备，新加坡

英飞凌
半导体，新加坡

美光
半导体，新加坡

美的（两家）
家用电器，中国

诺基亚
电子设备，芬兰

Phoenix Contact
工业自动化，德国

Rold
电子元件，意大利

Sandvik Coromant
工业设备，瑞典

施耐德电气
电子元件，印度尼西亚

施耐德电气
电子元件，法国

施耐德电气
电子元件，美国

西门子
工业自动化品，德国

潍柴
工业机械，中国

纬创资通
电子设备，中国

丹佛斯
工业设备，中国

富士康
电子设备，中国

海尔
家用电器，中国

美光
半导体，中国台湾

上汽大通
汽车，中国

西门子
工业自动化产品，中国

医药和医疗产品

拜尔
制药部门，意大利

通用电器医疗
医疗设备，日本

葛兰素史克
制药，英国

强生
个人护理品，瑞典

强生DePuy Synthes
医疗设备，中国

强生杨森
制药，爱尔兰

强生视力健
医疗设备，美国

诺和诺德
制药，丹麦

强生DePuy Synthes
医疗设备，爱尔兰

Zymergen 生物科技公司
生物技术，美国

图 3-4　各行业灯塔工厂一览

2021 年 4 月甄选的 15 家灯塔工厂如图 3-5 所示。

ERICSSON	**SIEMENS**	**TATA STEE**	**wistron** 緯創資通
爱立信	西门子	塔塔钢铁	纬创资通
电子设备	工业自动化	钢铁制品	电子设备
美国	德国	印度	中国
P&G *Johnson's* 强生		**FOXCON**	**TSINGTA** 青岛啤酒
宝洁	强生消费者保健	富士康	青岛啤酒
消费品	个人护理品	电子设备	消费品
美国	瑞典	中国	中国
P&G		**hp**	**BOSCH**
保洁	STAR炼油厂	惠普	博世
消费品	油气	电子设备	汽车
法国	土耳其	新加坡	中国
Henkel	**ReNew** POWE	美的 **Midea**	
汉高	ReNewPower	美的	
消费品	可再生能源	家用电器	
西班牙	印度	中国	

图 3-5　2021 年 4 月甄选的 15 家灯塔工厂

【2021年3月甄选的部分灯塔工厂革新故事与案例影响】

1. 博世，中国苏州

（1）革新故事：

身为集团内的卓越制造典范，博世苏州工厂在制造和物流领域部署了数字化转型战略。这一举措使其制造成本降低了15%，质量提升了10%。

（2）五大用例与影响：

a. 基于数字化班组绩效管理，直接生产效率提升8%；

b. 基于数字化赋能的自动叫料系统，生产库存下降35%；

c. 基于最终用户界面来配置和订购产品，物流成本下降10%；

d. 基于智能化质量管理分配，维护成本下降6%；

e. 基于机器视觉驱动的生产周期和换线优化，机器生产效率提升10%。

2. 爱立信，美国刘易斯维尔

（1）革新故事：

面对日益增长的5G无线需求，爱立信在美国建立了一家5G赋能的数字原生工厂，确保与客户紧密连接。利用敏捷工作方式和强大的工业物联网架构，该团队在12个月内，部署了25个用例，成功将员工人均产出提高了120%，交付时间缩短了75%，库存减少了50%。

（2）五大用例与影响：

a. 运用5G协作机器人和自动化技术，员工人均产出提升120%；

b. 运用5G机器人技术促进物流运营，手工材料处理下降65%；

c. 基于5G传感器的数据收集来进行能源管理，二氧化碳排放下降97%；

d. 运用人工智能驱动的光学检测，产量提升5%；

e. 运用远程生产优化数字孪生，效率提升8%。

3. 富士康，中国成都

（1）革新故事：

面对日益攀升的需求和短缺的高素质劳动力，富士康成都工厂采用了混合现实、人工智能和物联网技术，成功将劳动效率提高了200%，OEE提高了17%。

（2）五大用例与影响：

a. 使用数字化赋能的人机匹配，劳动生产效率提升200%；

b. 使用人工智能驱动的光学检测，手动检测下降92%；

c. 基于历史和传感器数据的预见性维护数据整合，设备综合效率提升17%；

d. 基于物联网赋能的制造质量管理，质量警报时间下降99%；

e. 利用高级分析优化生产计划，库存下降25%。

4. 汉高，西班牙蒙托内斯

（1）革新故事：

为了进一步提高生产效率，推动公司实现可持续发展，汉高基于其数字化IT后台扩展了第四次工业革命技术，将整个蒙托内斯工厂的网络系统和物理系统连接起来，成功让成本降低了15%，产品上市速度加快了30%，碳足迹减少了10%。

（2）五大用例与影响：

a. 通过预见性分析优化能源，二氧化碳排放下降 10%；

b. 使用数字工具来增强员工之间的互联，换线时间下降 20%；

c. 使用人工智能驱动过程控制，非计划停机时间下降 20%；

d. 使用机器人技术促进物流运营，库存下降 16%；

e. 使用数字跟踪和追溯，上市速度提升 30%。

5. 宝洁，美国刘易斯维尔

（1）革新故事：

消费趋势的转变使产品包装变得愈发复杂，越来越多的产品需要外包。为了扭转这一趋势，宝洁莱马工厂投资打造了柔性供应链，利用数字孪生、高级分析和机器人自动化技术，成功使新品上市速度加快 10 倍，劳动生产效率同比提高 5%，库存补货速度也比竞争对手高出一倍。

（2）五大用例与影响：

a. 使用数字孪生进行柔性生产，上市速度提高 900%；

b. 基于产品设计和测试的 3D 仿真/数字孪生，产品开发降低 70%；

c. 基于机器人技术促进物流运营，生产效率提高 100%；

d. 利用高级分析优化生产计划，供需同步提高 95%；

e. 基于机器人技术促进物流运营，工厂至仓库运输成本下降 50%。

6. 纬创资通，中国昆山

（1）革新故事：

为了彻底解决多种类、小批量业务带来的长期困扰，该工厂通过人工智能、物联网和柔性自动化技术，成功实现了劳动生产力、资产生产力和能源生产力的提升；在优化生产和物流的同时，该公司也加强了供应商管理，最终使制造成本降低了 26%，能源消耗降低了 49%。

（2）五大用例与影响：

a. 使用机器人技术全面促进物流整合，全管线库存水平下降 20%；

b. 使用数字工具来增强员工之间的互联生产线，平衡优化提升 15%；

c. 基于数字供应商绩效管理，材料处理率提升 63%；

d. 使用数字看板来监控 OEE 绩效，设备综合效率提升 5%；

e. 通过预见性分析优化，能源消耗下降 49%。

7. ReNew Power，印度胡布利

（1）革新故事：

面对资产的迅猛增长，以及后起之秀的竞争压力，印度最大的可再生能源公司 ReNew Power 开发了专有的高级分析和机器学习解决方案，这些第四次工业革命技术成功将其风能和太阳能资产的收益提高了 2.2%，在不增加资本支出的情况下，将停机时间减少了 31%，员工生产效率提高了 31%。

（2）五大用例与影响：

a. 基于风力涡轮机优化的高阶分析平台，收益上升 1.35%；

b. 基于太阳能模组的预见性维护，灰尘沉积导致的太阳能电池板效率损失下降 40%；

c. 使用图像分析探测质量瑕疵，停机时间下降 16%；

d. 基于风力涡轮机的预见性维护，非计划维护下降 30%；

e. 基于太阳能发电厂优化的高阶分析平台，收益增加 0.10%。

8. 惠普，新加坡

（1）革新故事：

产品日趋复杂，劳动力却供不应求，这使惠普新加坡工厂在质量和成本方面挑战重重。此外，国家层面也在强调高价值制造业的重要性，因此，惠普踏上了第四次工业革命之旅，一改被动的劳动力密集型模式，采用人工智能驱动的高度数字化模式，从人为操作转向自动化后，其制造成本降低了 20%，生产效率和质量则提升了 70%。

（2）五大用例与影响：

a. 运用自动在线光学检测，提升了 70% 的劳动效率；

b. 基于协作机器人和自动化，降低了 10% 的制造成本；

c. 基于实时资产性能监控和可视化，降低了 10% 的减少产量损失；

d. 基于远程生产优化的高阶分析平台，提高了 70% 的出厂质量；

e. 使用增材制造（3D 打印），降低了 40% 的交付时间。

9. 西门子，德国安贝格

（1）革新故事：

为了提升生产效率，这家西门子工厂有条不紊地采用了一种精益数字管理方法，通过部署智能机器人、人工智能驱动的过程控制，以及预见性维护算法，在不增加用电量或调整资源的前提下，不仅令产品复杂度加倍，还让工厂产出提升了 140%。

（2）五大用例与影响：

a. 使用机器人技术促进物流运营，劳动效率提高 50%；

b. 基于数字工程，工程措施降低 30%；

c. 使用人工智能驱动过程控制，半成品增加 20%；

d. 基于历史和传感器数据的预见性维护数据整合，设备综合效率提高 30%；

e. 基于远程质量优化的高阶分析平台，流程质量提升 13%。

10. 强生消费者保健，瑞典赫尔辛堡

（1）革新故事：

面对高度规范的医疗保健和快速发展的消费品市场，强生消费者健康公司借助数字孪生、机器人和高科技跟踪和追溯技术，成功提高了敏捷性并满足了客户需求，实现产量提升 7%，上市速度加快 25%，销货成本降低 20%。他们还进一步加大投资，通过第四次工业革命技术引入绿色科技，成为强生历史上第一家碳中和工厂。

（2）五大用例与影响：

a. 基于产品设计和测试的 3D 仿真/数字孪生，提升了 25%；

b. 上市速度加快，基于协作机器人和自动化的运用，提升了 16% 毛利润提高；

c. 基于传感器的数据收集用来进行能源管理，降低了 18%；

d. 基于数字跟踪和追溯，二氧化碳排放降低，且降低了 15% 销货成本；

e. 基于数字化赋能的批量放行，降低了 90% 劳动力成本。

11. 美的，中国顺德

（1）革新故事：

为了扩大电子商务布局和海外市场份额，美的对数字采购、柔性自动化、数字质量管理、智能物流和数字销售进行了大力投资，最终，产品成本降低了 6%，订单交付时间缩短了 56%，二氧化碳排放量减少了 9.6%。

（2）五大用例与影响：

a. 通过价格预测实现敏捷购买，降低了 5%；

b. 基于机器人技术促进物流运营，原材料成本降低，同时也降低了 53% 交付时间；

c. 基于人工智能驱动的光学检测，降低了 15% 客户投诉；

d. 使用自动化物流，提升了 40% 装货效率；

e. 基于端到端实时供应链可视化平台，降低了 40% 渠道库存。

12. STAR 炼油厂，土耳其伊兹密尔

（1）革新故事：

STAR 伊兹密尔炼油厂的设计理念，就是成为"全世界技术最先进的炼油厂"。为了发展先进技术（如资产数字化绩效管理、数字孪生、机器学习）并提升组织能力，STAR 投入了逾 7000 万美元，成功将柴油和航空煤油产量增加了 10%，维护成本降低了 20%。

（2）五大用例与影响：

a. 将机器数据与企业软件连接，员工效率提高 67%；

b. 基于实时资产性能监控和可视化，设备综合效率提高 2%；

c. 基于生产优化的数字孪生，轻质催化瓦斯油产量提高 23%；

d. 基于可持续化的数字孪生，年度二氧化碳排放量下降 3%；

e. 基于远程生产的告诫分析平台，柴油产量提高 2%。

13. 宝洁，法国亚眠

（1）革新故事：

为了实现产品的更新换代，宝洁亚眠工厂曾多次对运营流程进行转型。这一次，他们积极拥抱第四次工业革命技术，依托数字孪生、数字化运营管理，以及仓库优化，仅用三年时间就让产量稳步提升 30%，库存水平降低 6%，设备综合效率提高 10%，包装材料浪费减少 40%。

（2）五大用例与影响：

a. 基于远程生产优化的数字孪生，降低了 6% 库存；

b. 将机器数据与企业软件连接，降低了 30% 客户投诉；

c. 利用分析进行动态仓库资源规划，提升了 9.8% 按时交付率；

d. 基于数字工程，提升了 25% 产能；

e. 利用高级分析优化物流，降低了 40% 包装材料成本。

【2020 年 9 月新增的在中国灯塔工厂革新故事与影响】

1. 阿里巴巴，杭州

（1）革新故事：

阿里巴巴犀牛智造工厂将强大的数字技术与消费者调查结合起来，打造全新的数字化新型服装制造模式，它支持基于消费者需求的端到端按需生产，并通过缩短 75% 的交货时间，降低 30% 的库存需求，可减少 50% 的用水量，助力小企业在快速发展的时尚和服装市场获取竞争力。

（2）五大用例与影响：

a. 基于前瞻性市场洞见和需求预测，售出率上升 40%；

b. 基于人工智能赋能的产品设计和打样，产品开发时间下降 66%；

c. 利用高级分析优化生产规划，产品交换时间下降 75%；

d. 基于端到端自动化内部物流，仓库员工工作效率提高 3 倍；

e. 基于数字化的灵活制造，与行业平均相比的最少订单量下降 98%。

2. 美光科技，台中

（1）革新故事：

为了推动生产率的进一步提升，美光的大批量先进半导体存储装制造厂开发了集成物联网和分析平台，确保可以实时识别制造异常，同时，对根本原因进行自动化分析，从而加快了 20% 的新产品投产速度，减少了 30% 的计划外停工时间，并提高了 20% 的劳动生产率。

（2）五大用例与影响：

a. 基于人工智能赋能的物料处理系统，瓶颈工具闲置时间缩短 22%；

b. 基于人工智能赋能的光学检测，意外事件导致产品降级减少 10%；

c. 基于工业物联网实时能源数据汇总与报告仪表盘，能源消耗减少 15%；

d. 基于良品率管理和问题根源分析的分析平台，新产品上市时间缩短 20%；

e. 基于识别偏差问题根源的分析平台，OEE 计划外停机减少 34%。

3. 美的集团，广州

（1）革新故事：

面对家电行业的激烈竞争以及电子商务领域的快速发展和日益复杂的情况，美的集团利用第四次工业革命技术实现从自动化工厂向端到端互联价值链的转型升级，劳动效率提高了 28%，单位成本降低了 14%，订单交付期缩短了 56%。

（2）五大用例与影响：

a. 利用高级分析生成市场洞见，线上（电商）销售上升 34%；

b. 利用高级分析优化生产规划，劳动效率上升 70%；

c. 基于人工智能赋能的光学检测，检测成本减少 55%；

d. 基于端到端数字化物流管理，订单交货时间缩短 56%；

e. 基于数字工具增强员工之间的互联，劳动效率上升 28%。

4. 联合利华，合肥

（1）革新故事：

随着电子商务在中国的蓬勃发展，联合利华通过在生产、仓储和配送等领域大规模部署柔性自动化和人工智能等第四次工业革命解决方案，建立了拉动式生产模式，将订单从交价到交货的周期缩短了 50%，在电子商务消费者投诉减少了 30% 同时降低了 34% 的成本。

（2）五大用例与影响：

a. 基于数字化自动物料拉动系统，库存水平下降 50%；

b. 基于端到端实时供应链可视化平台，订单交货时间缩短 50%；

c. 利用电子看板执行供应商材料交付，供应商交付时间缩短 50%；

d. 基于熄灯包装车间，OEE 上升 30%；

e. 基于人工智能赋能的安全管理，不安全行为下降 80%。

【部分灯塔工厂清单】

部分灯塔工厂清单见表3-1～表3-4。

表3-1 2019年12月公布的灯塔工厂清单

序号	工厂名	行业	地点
1	阿里巴巴犀牛智造	科技公司+服装行业	杭州工厂
2	美光科技	半导体存储器行业	台中工厂
3	美的集团	家电行业	广州工厂
4	联合利华	家化行业	合肥工厂
5	雷诺集团	汽车行业	法国莫伯日工厂
6	Janssen Large Molecule	生物制品行业	爱尔兰科克工厂
7	诺和诺德	制药行业	丹麦希勒勒工厂
8	沙特阿美	能源行业	沙特库阿斯工厂
9	DCP Midstream	能源行业	美国丹佛工厂
10	施耐德电气	电气行业	美国莱克星顿工厂
11	宝山钢铁	钢铁制品行业	上海工厂
12	福田康明斯	汽车行业	中国北京
13	海尔冰箱互联工厂	家电行业	中国沈阳
14	强生DePuy	医疗设备行业	中国苏州
15	宝洁	消费品行业	中国太仓
16	潍柴	工业机械行业	中国潍坊
17	雷诺集团	汽车行业	巴西库里提巴
18	MODEC	油气行业	巴西
19	葛兰素史克	制药行业	英国
20	汉高	消费品行业	德国
21	爱科	农业设备行业	德国
22	联合利华	消费品行业	阿联酋
23	英飞凌	半导体行业	新加坡
24	美光	半导体行业	新加坡
25	Petkim	化学品行业	土耳其
26	通用电气医疗	医疗设备行业	日本
27	日立	工业设备行业	日本奥米卡工厂
28	宝山钢铁	钢铁制品行业	上海工厂

表 3-2　2019 年 7 月公布的灯塔工厂清单

序号	工厂名	行业	地点
1	上汽大通 C2B 定制工厂	汽车行业	南京
2	浦项制铁	钢铁制品行业	韩国
3	施耐德电气	电气行业	印度尼西亚 Batam 工厂
4	福特集团	汽车行业	土耳其科贾埃利奥特桑工厂
5	诺基亚 5G 工厂	电子通信设备	芬兰奥卢工厂
6	雷诺集团	汽车行业	法国 Cleon 工厂
7	Zymergen	生物技术行业	美国
8	Arcelik	家电行业	罗马尼亚
9	Petrosea	采矿行业	印度尼西亚
10	塔塔钢铁	钢铁制品行业	印度

表 3-3　2019 年 1 月公布的灯塔工厂清单

序号	工厂名	行业	地点
1	宝马集团	汽车行业	德国雷根斯堡工厂
2	丹佛斯商用压缩机	工业设备行业	天津工厂
3	富士康	电子设备行业	深圳工厂
4	Rold	电子元件行业	意大利 Cerro Maggiore 工厂
5	Sandvik Coromant	工业设备行业	瑞典 Gimo 工厂
6	沙特阿美天然气工厂	天然气处理行业	沙特 Uthmaniyah 工厂
7	塔塔钢铁	钢铁制品行业	荷兰埃莫伊登工厂

表 3-4　2018 年公布的 9 家灯塔工厂清单

序号	工厂名	行业	地点
1	拜耳生物制药	制药行业	意大利加巴纳特工厂
2	博世集团	汽车零部件行业	无锡工厂
3	海尔中央空调互联工厂	家电行业	青岛工厂
4	强生 DePuy Synthe1s	医疗设备行业	爱尔兰科克工厂
5	宝洁 Rakona	消费品行业	捷克工厂
6	施耐德电气	电子元件行业	法国勒沃德勒伊工厂
7	西门子工业自动化产品	工业自动化行业	成都工厂
8	UPS Fast Radius	增材制造行业	美国芝加哥工厂
9	菲尼克斯电气	工业自动化行业	德国工厂

【灯塔工厂何以闪亮】

全球制造业转型升级如火如荼，这些领先者们的经验可成为制造企业的指路明灯，展示如何从数字化中挖掘新的价值，包括大幅提升资源生产率、提高敏捷度和响应能力、加快新品上市速度、提升定制化水平、获得更好的 ROI 等。

1. 数字化助力个性化生产

在信息技术的推动下，人类的生产生活正在发生深刻变革，制造业也不例外。《2018 年个性化趋势报告》显示，77% 的受访者认为，"个性化"应成为企业最重要的事项。流水线生产的标准产品早已不能满足当下用户"一人千面"的需求，制造业亟待由"以企业为中心的大规模制造"向"以用户为中心的大规模定制"转型。

海尔之所以能在全球灯塔工厂角逐中脱颖而出，正是抓住了这一要点。此前，海尔率先开展大规模定制实践，把用户需求直接"接入"工厂，着力实现高精度下的高效率。目前，海尔已在全球范围内推出 10 大互联工厂样板，产品"不入库率"达到 71%，订单周期缩短了一半，生产效率提升了 60%。

世界经济论坛青睐海尔的依据正在于此。即以人工智能主导转型，搭建从用户下单、智能生产到用户体验迭代的大规模定制平台和远程人工智能技术支持的互联工厂智慧服务云平台。

(1) 赋能行动如火如荼。

近年来，海尔转型"利器"COSMOPlat 工业互联网平台备受业界关注。作为全国首家全流程引入用户交互的物联网平台，COSMOPlat 有两大特色。一是以用户体验为中心的大规模定制模式；二是开放、多边的共创共享平台，可以实现跨行业、跨领域、跨文化的复制。截至目前，海尔 COSMOPlat 已赋能衣联网、食联网、农业、建陶等 15 个行业物联生态。

康派斯新能源车辆股份有限公司是山东省"建设房车产业化基地"规划的首要倡导者和主要实施者。由于看好国内房车市场前景，康派斯于 2018 年 1 月份与海尔 COSMOPlat 建立合作关系。仅半年后，康派斯拖挂房车订单同比增长 65%，一次性交检合格率达到 85%。

康派斯新能源车辆股份有限公司董事长王位元表示，通过与海尔 COSMOPlat 深入合作，工厂实现了制造端智能化升级，成为全国首家以用户为中心的房车行业智能化互联工厂，实现了新旧动能转换和经营管理效益的全面提升。

（2）乘势而上发力标准。

在过去 1 年多时间里，COSMOPlat 先后被国际权威标准机构 IEEE、ISO 指定，牵头主导制定大规模定制模式及工业互联网平台国际标准。

与此同时，海尔还不遗余力地助推产业转型升级。在工信部消费品工业司的指导和支持下，2018 年 7 月份，海尔牵头成立了大规模定制生态联盟。

工信部消费品工业司有关负责人在成立大会上表示，该联盟要坚持"建设成为全球最优秀的大规模个性化定制联盟"目标，促进政、产、学、研、用等各领域的交流合作、设备研发和产业化，成为实现三品战略的模范、助推消费升级的模范、技术攻关的模范、推动行业高质量发展的模范。

海尔集团相关负责人表示，大规模定制生态联盟将聚合跨领域资源，组建有竞争力的联盟组织团队，不断引入更多企业、专业协会。"我们希望，全球企业都能在智能制造中获益，海尔也将为之提供可行的中国方案和模式"，这位负责人强调。

2. 数字化带来真金白银

麦肯锡：跟着灯塔工厂，让数字化转型带来真金白银。

灯塔工厂所在国家和地区应该探索如何利用这些资产来加速技术普及，并对发展中的灯塔工厂提供支持；领先的技术公司也应与灯塔工厂协同发展，因为后者正是其他企业寻求定位和突破的灵感之源。

在中国，工业数字化正在成为消费互联网市场成熟之后的下一个风口。

据麦肯锡估计，中国工业物联网市场（包括工业机器人、自动化、传感器、可编程序控制器、有线及无线网络硬件等）自 2012 年至今，年均增速保持在近 30% 的高位，而成功的数字化转型可将企业利润提升 8~13 个百分点。

3. 为制造业数字化转型的铺开提供学习平台

麦肯锡数字化运营资深专家侯文皓认为，"灯塔"引领，避开"试点陷阱"。

世界经济论坛（WEF）和麦肯锡联合开展的"未来生产"研究发现，世界各地的制造企业纷纷大力投资数字化转型，比较普遍的情况是，同时试点多种数字解决方案（全球平均值是 8种），越来越多的公司的试点纷纷取得成功。中国、美国甚至日本实施数字化制造解决方案的成功率都相当不错。但在从试点到组织全面推广的过程中却遇到了所谓的"试点陷阱"，未能从根本上改善组织及业务流程，并持续提升绩效。

如何避开"试点陷阱"？是否有成熟的示范案例为制造业数字化转型的铺开提供学习平台？

麦肯锡与 WEF 合作，严格筛选了 1000 多家领先的制造业厂商，访问他们遍布全球各地的工厂，确定了 9 家灯塔工厂（其中 5 家在欧洲，1 家在北美，3 家在中国）。所谓灯塔工厂是指规模化应用 4IR（4th industrial revolution，第四次工业革命）技术的真实生产场所/工厂。通过对 4IR 技术的大规模部署，这些灯塔工厂重新定义了最优绩效（相较于竞争对手高出了 20%～50%）。

首批 9 家灯塔工厂形成了全球性的"最佳实践"学习平台，可以帮助广大企业避开"试点陷阱"。已调研工厂的报告显示：70%～80% 的灯塔工厂宣讲了明确的转型故事；60%～70% 的灯塔工厂参与了以第四次工业革命为主题的多方利益相关合作；85% 的企业明确其价值动因并设定清晰目标，如提高劳动生产力和设备综合效率。

研究显示，实施多项综合 4IR 用例能够显著提升公司的财务和运营情况，灯塔工厂的部分运营关键指标提升 50%～60%，部分财务关键指标提升 10%～20%。

灯塔工厂给制造业的总体数字化转型提供了非常宝贵的经验，使他们克服了大多数制造业公司会面临的典型痛点：费尽周折应对各种技术并发现问题、投入大量精力进行概念验证工作、推广过于缓慢、缺乏明晰的商业案例、解决方案大多互不相关以及在实施过程中产生了数不尽的数字孤岛。纵观灯塔工厂从试点到成功推广，有这 6 个关键因素应加以重点关注，即认清方向、实现价值、确定架构、找对朋友、讲好故事、成就团队。

灯塔工厂所在国家和地区应该探索如何利用这些资产来加速技术普及，并对发展中的灯塔工厂提供支持；高等院校应该与成熟的或者发展中的灯塔工厂合作，进一步推进第四次工业革命的用例和技术；而领先的技术公司也应该确保与灯塔工厂保持紧密的协同发展，因为后者正是其他企业寻求定位和突破的灵感之源。

【扩展灯塔之光】

从 2018 年成立之初至今，全球灯塔网络项目见证了第四次工业革命技术的持续迭代。领军企业的第四次工业革命之旅，往往始于实体工厂的大规模用例部署；后来，一些企业又打通了端到端价值链，将第四次工业革命创新拓展到实体工厂范畴之外，但这一旅程远没有结束。如今，领军企业正在进一步推广第四次工业革命技术。这一次，他们的目标是整个组织。这种自然迭代是第四次工业革命的核心，即第四次工业革命转型会在企业恢宏的工业版图上稳步延伸。对已然成功大规模部署第四次工业革命技术的组织而言，这种广度和深度既是理想，也是愿景。

通常来说，企业必须在三个方面部署第四次工业革命技术：生产网络、端到端价值链、支持性职能。生产网络是指在公司旗下所有制造工厂中成功推广第四次工业革命技术。端到端价值链则涵盖产品开发、规划、交付、供应网络和客户连接性。其后，便是延伸到人力资源、财务和 IT 等支持性职能。

旨在大规模部署第四次工业革命技术的企业，都希望推动组织整体层面的转型，在一个技术赋能的未来，成为真正的领导者。在这一赛道上，灯塔工厂的强光将照亮制造业的新格局，引领其他企业乘第四次工业革命之东风，充分释放自身潜力（图 3-6）。

全球灯塔网络仍在扩容，呼吁更多的优质企业加入灯塔工厂网络，照亮更远的路。

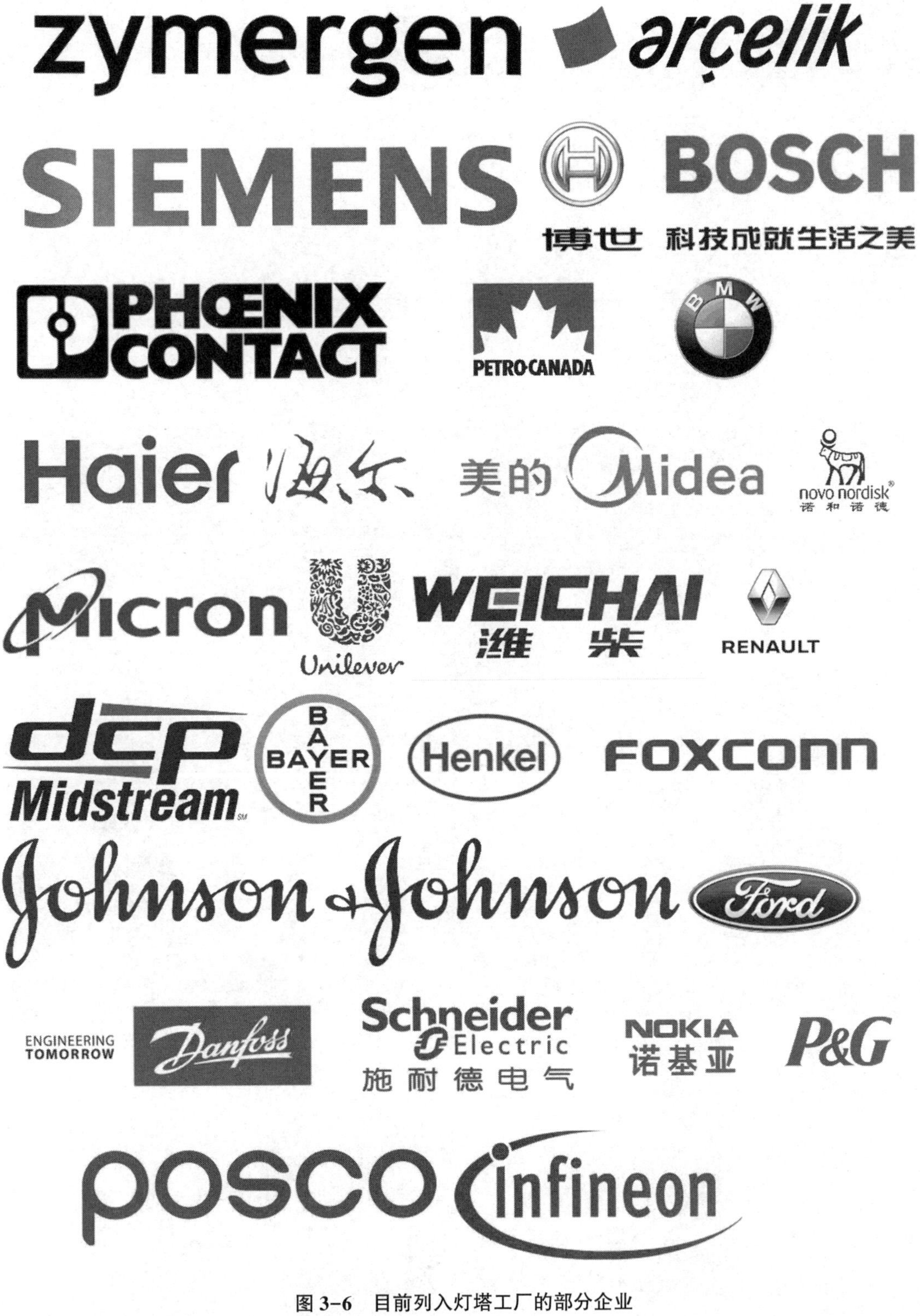

图 3-6 目前列入灯塔工厂的部分企业

第二部分

灯塔工厂的核心技术

🧠【知识导图】

这个部分将带您走进智能制造的多彩世界，一起揭开其神秘的面纱，共同学习科技，引领未来的关键技术。

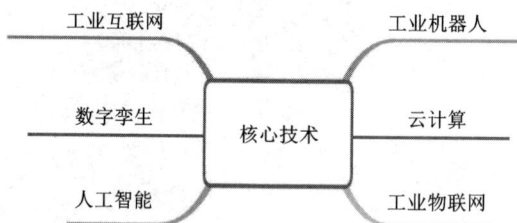

🖥【内容提要】

（1）工业机器人的发展；
（2）工业机器分类。

◎【学习目标】

（1）什么是工业机器人；
（2）了解云计算；
（3）了解工业物联网；
（4）了解人工智能；
（5）了解数字孪生；
（6）了解工业互联网。

第 4 章
牵手工业机器人

【什么是工业机器人】

工业机器人是面向工业领域的多关节机械手或多自由度的机器装置，它能自动执行工作，是靠自身动力和控制能力来实现各种功能的一种机器。它可以接受人类指挥，也可以按照预先编排的程序运行，现代的工业机器人还可以根据人工智能技术制定的原则纲领行动（图 4-1）。

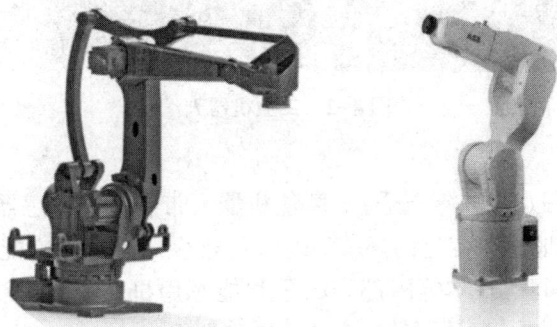

图 4-1　工业机器人

【了解工业机器人】

工业机器人发展都经历了什么？

从国外的发展历程来看，工业机器人技术的发展经历了三个阶段。

（1）产生和初步发展阶段（1958—1970 年）。工业机器人领域的第一件专利由乔治·德沃尔在 1958 年申请，名为可编程的操作装置。约瑟夫·恩格尔伯格对此专利很感兴趣，联合德沃尔在 1959 年共同制造了世界上第一台工业机器人，称之为 Robot，其含义是人手把着机械手，把应当完成的任务做一遍，机器人再按照事先教给它的程序进行重复工作，并主要用于工业生产的铸造、锻造、冲压、焊接等生产领域，特称为工业机器人。

（2）技术快速进步与商业化规模运用阶段（1970—1984年）。这一时期的技术相较于此前有很大进步，工业机器人开始具有一定的感知功能和自适应能力的离线编程，可以根据作业对象的状况改变作业内容（图4-2）。伴随着技术的快速进步发展，这一时期的工业机器人还突出表现了商业化运用迅猛发展的特点，工业机器人的"四大家族"——库卡、ABB、安川、FANUC公司分别在1974年、1976年、1978年和1979年开始了全球专利的布局。

图4-2　工业机器人

（3）智能机器人阶段（1985年至今）。智能机器人带有多种传感器，可以将传感器得到的信息进行融合，有效地适应变化的环境，因而具有很强的自适应能力、学习能力和自治功能。2000年以后，美国、日本等国都开始了智能军用机器人研究，并在2002年由美国波士顿公司和日本公司共同申请了第一件"机械狗"（Boston dynamics big dog）智能军用机器人专利，2004年在美国政府DARPA/SPAWAR计划支持下申请了智能军用机器人专利。智能机器人之所以叫智能机器人，是因为它有相当发达的"大脑"，其在脑中起作用的是中央处理器，跟操作它的人有直接的联系。最主要的是，这样的机器人可以进行按目的安排的动作。正因为这样，我们说这种机器人才是真正的机器人，尽管它们的外表可能有所不同（图4-3）。

从广泛意义上理解所谓的智能机器人，给人的最深刻的印象是它是一个独特的、进行自我控制的"活物"。其实，这个自控"活物"的主要器官并没有像真正的人那样微妙而复杂。

智能机器人能够理解人类语言，用人类语言同操作者对话，在它自身的"意识"中单独形成了一种使它得以"生存"的外界环境——实际情况的详尽模式。它能分析出现的情况，调整自己的动作以达到操作者所提出的全部要求，拟定所希望的动作，并在信息不充分的情况下和环境迅速变化的条件下完成这些动作。当然，要它和我们人类思维一模一样，这是不可能办到的。不过，仍然有人试图建立计算机能够理解的某种"微观世界"。

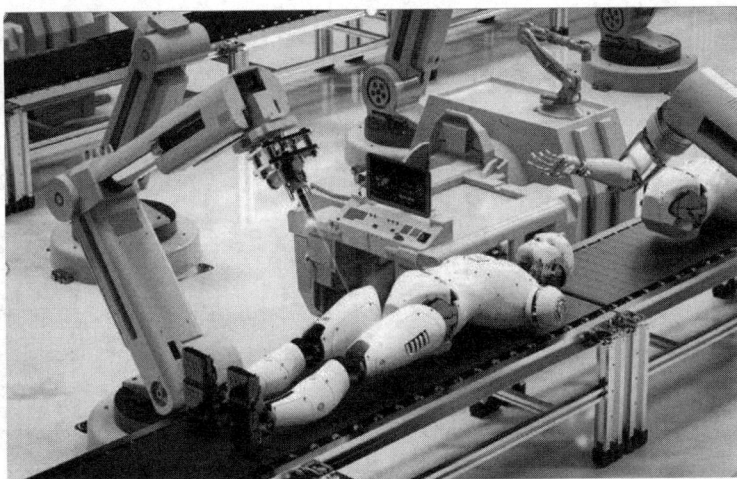

图 4-3　智能工业机器人

我国的工业机器人发展历程具有不同于国外的特点,起步相对较晚,大致可分为四个阶段(图 4-4)。

图 4-4　工业机器人阶段

（1）理论研究阶段（20 世纪 70 年代到 20 世纪 80 年代初）。由于当时国家经济条件等因素的制约,我国主要从事工业机器人基础理论的研究,在机器人运动学、机构学等方面取得了一定的进展,为后续工业机器人的研究奠定了基础。

（2）样机研发阶段（20 世纪 80 年代中后期）。随着工业发达国家开始大量应用和普及工业机器人,我国的工业机器人研究得到政府的重视和支持。国家组织了对工业机器人需求行业的调研,投入大量的资金开展工业机器人的研究,进入了样机开发阶段（图 4-5）。

（3）示范应用阶段（20 世纪 90 年代）。我国在这一阶段研制出平面关节型统配机器人、直角坐标机器人、弧焊机器人、点焊机器人等 7 种工业机器人系列产品,共 102 种特种机器

图 4-5 工业机器人

人，实施了 100 余项机器人应用工程；为了促进国产机器人的产业化，在 20 世纪 90 年代末建立了 9 个机器人产业化基地和 7 个科研基地。

（4）初步产业化阶段（21 世纪以来）。《国家中长期科学和技术发展规划纲要（2006—2020年）》突出增强自主创新能力这一条主线，着力营造有利于自主创新的政策环境，加快促进企业成为创新主体，大力倡导企业为主体，产学研紧密结合，国内一大批企业或自主研制或与科研院所合作，加入工业机器人研制和生产行列，我国工业机器人进入初步产业化阶段。

经过上述四个阶段的发展，我国的工业机器人得到一定程度的普及。但与先进的制造业国家相比，我国工业机器人使用密度仍与他们有不小差距，工业机器人的保有量仍有巨大上升空间。

目前流行的工业机器人品牌主要有发那科、库卡、那智不二越、川崎、ABB，如图 4-6所示。

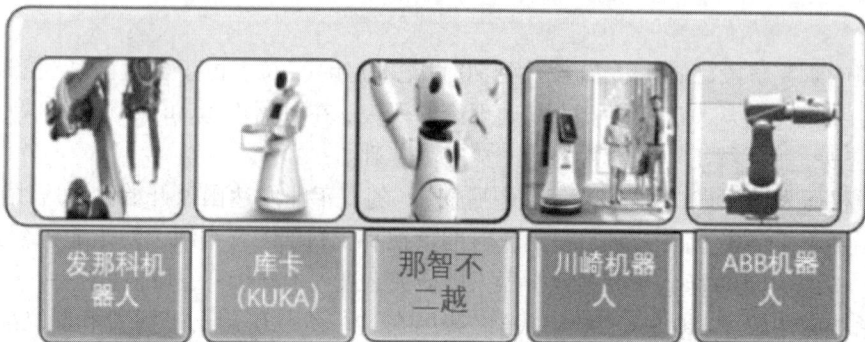

| 发那科机器人 | 库卡(KUKA) | 那智不二越 | 川崎机器人 | ABB机器人 |

图 4-6 机器人分类

（1）发那科（FANUC）。FANUC 是日本一家专门研究数控系统的公司，成立于 1956 年。FANUC 在 1959 年首先推出了电液步进电机，在后来的若干年中逐步发展并完善了以硬件为主的开环数控系统。进入 20 世纪 70 年代，微电子技术、功率电子技术，尤其是计算技术得到了飞速发展，FANUC 公司毅然舍弃了使其发家的电液步进电机数控产品，从 GETTES 公司引进直流伺服电机制造技术。1976 年 FANUC 公司成功研制出数控系统 5，随后又与 SIEMENS 公司联合研制了具有先进水平的数控系统 7。FANUC 机器人产品系列多达 240 种，负重从 0.5 公斤到 1.35 吨，广泛应用在装配、搬运、焊接、铸造、喷涂、码垛等不同生产环节，可满足客户的不同需求（图 4-7）。

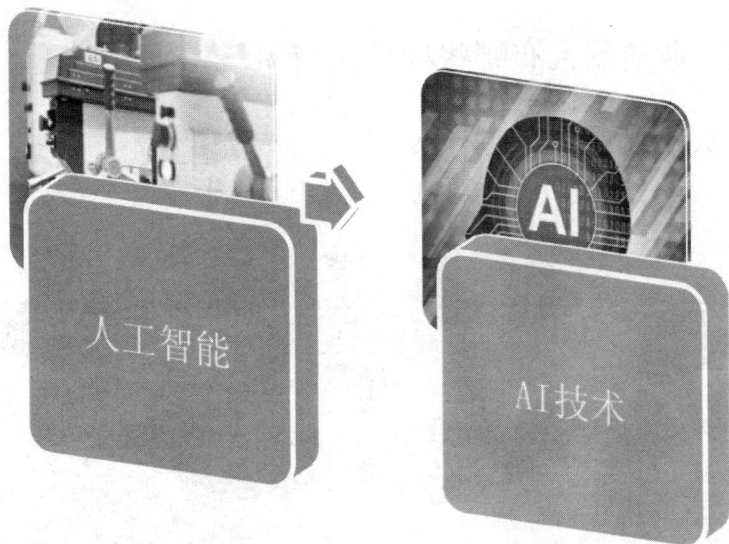

图 4-7　FANUC 工业机器人

（2）库卡（KUKA）。KUKA 及其德国母公司是世界工业机器人和自动控制系统领域的顶尖制造商，它于 1898 年在德国奥格斯堡成立，当时称克勒与克纳皮赫奥格斯堡。公司的名字 KUKA，就是 Keller und Knappich Augsburg 的四个首字母组合。1995 年，KUKA 公司分为 KUKA 机器人公司和 KUKA 库卡焊接设备有限公司（即现在的 KUKA 制造系统）。2011 年 3 月，中国公司更名为库卡机器人（上海）有限公司。KUKA 机器人公司在全球拥有 20 多个子公司，其中大部分是销售和服务中心。KUKA 工业机器人在多部好莱坞电影中出现过，如在电影《新铁金刚之不日杀机》中，在冰岛的一个冰宫，国家安全局特工受到激光焊接机器人的威胁；在电影《达·芬奇密码》中，一个机械人递给罗伯特·兰登一个装有密码筒的箱子等，都是使用的 KUKA 机器人。

（3）那智不二越。那智不二越公司是 1928 年在日本成立的，并在 2003 年建立了那智不二越（上海）贸易有限公司。现在，该公司属于那智不二越在中国的一个销售机构。那智不二越是从原材料产品到机床的全方位综合制造型企业，有机械加工、工业机器人、功能零部件等丰富的产品，应用的领域也十分广泛，如航天工业、轨道交通、汽车制造、机加工等。那智不二越在中国的机器人销售市场占公司全球售额的 15%。

（4）川崎。川崎机器人（天津）有限公司是由川崎重工业株式会社 100%投资，并于 2006年 8 月正式在中国天津经济技术开发区注册成立的，主要负责川崎重工生产的工业机器人在中国境内的销售、售后服务（机器人的保养、维护、维修等）、技术支持等相关工作。川崎机器人在物流生产线上提供了多种多样的机器人产品，在饮料、食品、肥料、太阳能、炼瓦等各种领域中都有非常可观的销量。公司还拥有丰富的部品在库能够为顾客及时提供所需配件，并且公司内部有展示用喷涂机器人、焊接机器人，以及试验用喷房等，能够为顾客提供各种相关服务。

（5）ABB。1988 年创立于欧洲的 ABB 公司于 1994 年进入中国，1995 年成立 ABB 中国有限公司。

【你知道工业机器人有哪些种类么？】

目前的工业机器人有哪些种类（图 4-8）？

图 4-8　机器人种类

1. 焊接机器人

焊接机器人是从事焊接（包括切割与喷涂）的工业机器人。根据国际标准化组织（ISO）工业机器人术语标准焊接机器人的定义，工业机器人是一种多用途的、可重复编程的自动控制操作机（manipulator），具有三个或更多可编程的轴，用于工业自动化领域。为了适应不同的用途，机器人最后一个轴的机械接口，通常是一个连接法兰，可接装不同工具或称末端执行器。

焊接机器人主要包括机器人和焊接设备两部分。机器人由机器人本体和控制柜（硬件及软件）组成。而焊接装备，以弧焊及点焊为例，由焊接电源（包括其控制系统）、送丝机（弧焊）、焊枪（钳）等部分组成。对于智能机器人还应有传感系统，如激光或摄像传感器及其控制装置等。

焊接机器人目前已广泛应用在汽车制造业（图 4-9），包含汽车底盘、座椅骨架、导轨、消声器以及液力变矩器等的焊接生产，尤其是汽车底盘焊接生产。丰田公司已决定将点焊作为标准来装备其日本国内和海外的所有点焊机器人。

图 4-9　汽车装配工业机器人生产线

2. 码垛机器人

码垛机器人是从事码垛的工业机器人(图 4-10),可将已装入容器的物体,按一定顺序排列码放在托盘、栈板(木质、塑胶)上,进行自动堆码,可堆码多层,然后推出,便于叉车运至仓库储存。码垛机器人可以集成在任何生产线中,在生产现场实现智能化、机器人化、网络化,可以用于啤酒、饮料和食品行业多种多样作业的码垛物流,广泛应用于纸箱、塑料箱、瓶类、袋类、桶装、膜包产品及灌装产品等。码垛机器人可配套于三合一灌装线等,对各类瓶罐箱包进行码垛。码垛机器人自动运行分为自动进箱、转箱、分排、成堆、移堆、提堆、进托、下堆、出垛等步骤。

图 4-10　码垛机器人

在采用码垛机器人的时候，还要考虑机器人怎样抓住一个产品。真空抓手是最常见的机械臂臂端工具（EOAT）。相对来说，它们价格便宜，易于操作，而且能够有效装载大部分负载物。但是在一些特定的应用中，真空抓手也会遇到问题，如表面多孔的基质、内容物为液体的软包装，或者表面不平整的包装等。

3. 搬运机器人

搬运机器人是可以进行自动化搬运作业的工业机器人（图4-11）。最早的搬运机器人出现在1960年的美国，Versatran和Unimate两种机器人首次用于搬运作业。搬运作业是指用一种设备握持工件，从一个加工位置移到另一个加工位置。搬运机器人可安装不同的末端执行器以完成各种不同形状和状态的搬运工作，大大减少了人类繁重的体力劳动。目前世界上使用的搬运机器人逾10万台，它们被广泛应用于机床上下料、冲压机自动化生产线、自动装配流水线、码垛搬运、集装箱等的自动搬运。部分发达国家已制定出人工搬运的最大限度，超过限度的必须由搬运机器人来完成。搬运机器人是广泛从事包装件的获取以及搬运、拆垛等任务的一类机器人，是集机械、电子、信息、智能技术、计算机科学等学科于一体的高新机电产品。搬运机器人在解决劳动力不足、提高劳动生产效率、降低生产成本、降低人工劳动力、改善生产环境等方面具有很大潜力。搬运机器人有着丰富多样的抓手形式，可广泛应用于饲料、化肥、石化、饮料、食品、药品、啤酒、日化等多种行业。

搬运机器人是近代自动控制领域出现的一项高新技术，涉及了力学、机械学、电器液压气压技术、自动控制技术、传感器技术、单片机技术和计算机技术等学科领域，已成为现代机械制造生产体系中的一项重要组成部分。它可以通过编程完成各种预期的任务，在自身结构和性能上有了人和机器的各自优势，尤其体现出了人工智能和适应性。

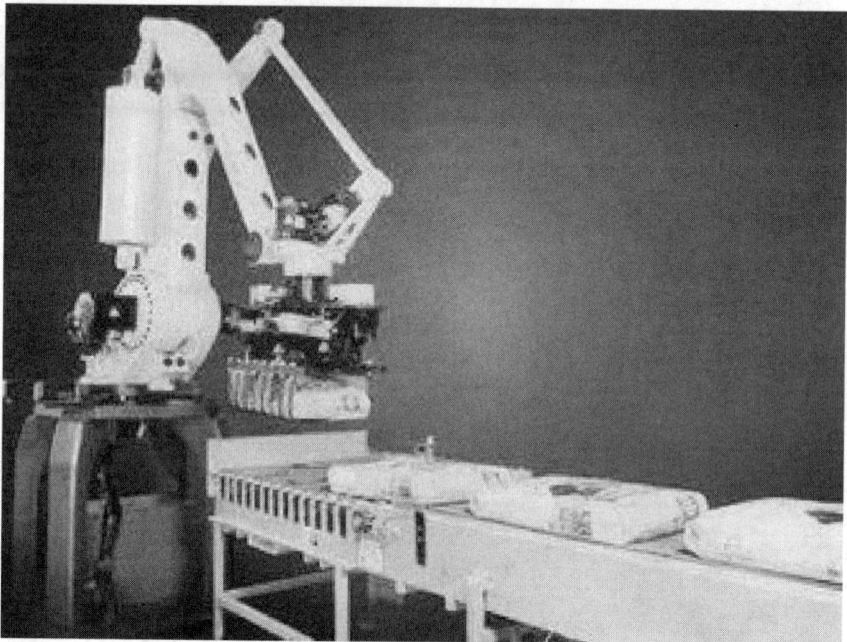

图4-11 搬运机器人

4. 喷涂机器人

喷涂机器人又叫喷漆机器人（spraypainting robot），如图 4-12 所示，是可进行自动喷漆或喷涂其他涂料的工业机器人，1969 年由挪威 Trallfa 公司（后并入 ABB 集团）发明。喷漆机器人主要由机器人本体、计算机和相应的控制系统组成，液压驱动的喷漆机器人还包括液压油源，如油泵、油箱和电机等；多采用 5 或 6 个自由度关节式结构，手臂有较大的运动空间，并可做复杂的轨迹运动，其腕部一般有 2~3 个自由度，可灵活运动。较先进的喷漆机器人腕部采用柔性手腕，既可向各个方向弯曲，又可转动，其动作类似人的手腕，能方便地通过较小的孔伸入工件内部，喷涂其内表面。喷漆机器人一般采用液压驱动，具有动作速度快、防爆性能好等特点，可通过手把手示教或点位示教来实现示教。喷漆机器人广泛运用于汽车、仪表、电器、搪瓷等工艺领域。

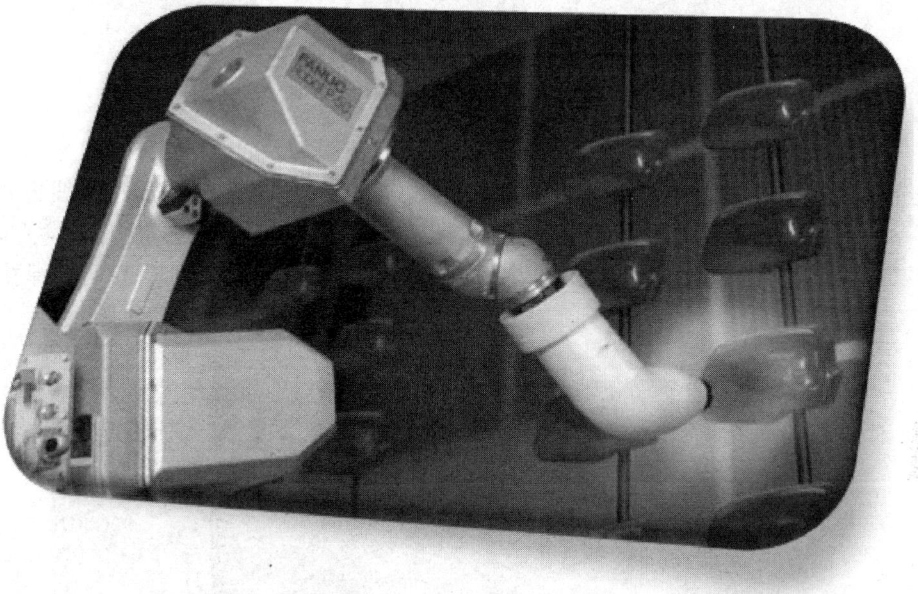

图 4-12　喷涂机器人

5. 装配机器人

装配机器人是为完成装配作业而设计的工业机器人（图 4-13）。装配机器人是柔性自动化装配系统的核心设备，由机器人操作机、控制器、末端执行器和传感系统组成。其中操作机的结构类型有水平关节型、直角坐标型、多关节型和圆柱坐标型等；控制器一般采用多CPU 或多级计算机系统，实现运动控制和运动编程；末端执行器为适应不同的装配对象而设计成各种手爪和手腕等，传感系统用来获取装配机器人与环境和装配对象之间相互作用的信息。

装配机器人主要用于各种电器（包括家用电器，如电视机、录音机、洗衣机、电冰箱、吸尘器）制造，小型电机、汽车及其部件、计算机、玩具、机电产品及其组件的装配等方面。

6. 激光加工机器人

激光加工机器人是将机器人技术应用于激光加工中，通过高精度工业机器人实现更加柔

图 4-13　装配机器人

性的激光加工作业(图 4-14)。其系统通过示教盒进行在线操作,也可通过离线方式进行编程。其系统通过对加工工件的自动检测,产生加工件的模型,继而生成加工曲线,也可以利用 CAD 数据直接加工。激光加工机器人可用于工件的激光表面处理、打孔、焊接和模具修复等。

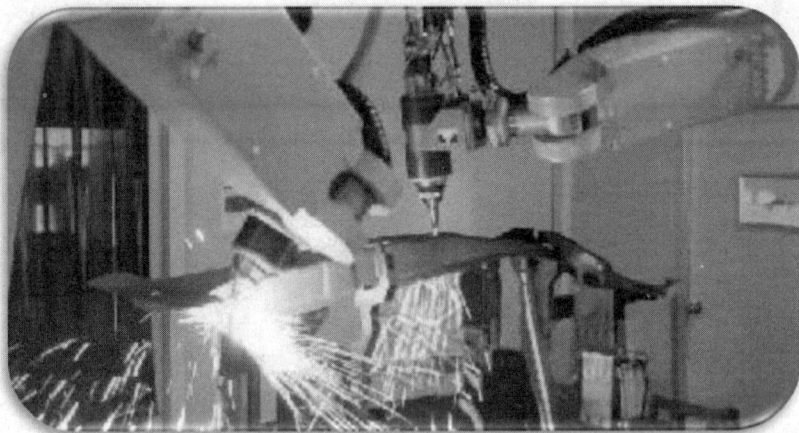

图 4-14　激光加工机器人

7.真空机器人

真空机器人是一种在真空环境下工作的机器人,主要应用于半导体工业中,可实现晶圆在真空腔室内的传输。真空机械手难进口、受限制、用量大、通用性强,其成为制约半导体装备整机的研发进度和整机产品竞争力的关键部件,而且国外对中国买家严加审查,真空机械手归属于禁运产品目录,真空机械手已成为严重制约我国半导体设备整机装备制造的"卡脖子"问题。

54

8. 洁净机器人

洁净机器人是一种在洁净环境中使用的工业机器人。随着生产技术水平不断提高，对生产环境的要求也日益苛刻，很多现代工业产品生产都要求在洁净环境进行，洁净机器人是洁净环境下生产所需要的关键设备。

【工业机器人在各个行业中能帮我们做什么?】

1. 汽车制造业

在中国，50%的工业机器人应用于汽车制造业，其中50%以上为焊接机器人（图 4-15）。在发达国家，汽车工业机器人占机器人总保有量的 53%以上。据统计，世界各大汽车制造厂，年产每万辆汽车所拥有的机器人数量为 10 台以上。

图 4-15　汽车制造

2. 电子电气行业

工业机器人在电子类的 IC、贴片元器件这些领域的应用均较普遍。目前世界工业界装机最多的工业机器人是 SCARA 型四轴机器人。第二位的是串联关节型垂直 6 轴机器人。在手机生产领域，视觉机器人，如分拣装箱机器人、撕膜系统机器人、激光塑料焊接机器人、高速四轴码垛机器人等，适用于触摸屏检测、擦洗、贴膜等一系列流程的自动化系统的应用。

3. 橡胶及塑料工业

由于塑料工业的合作紧密而且专业化程度高，塑料的生产、加工和机械制造紧密相连，即使在将来，这个行业也是一个能确保众多的工作岗位的重要经济部门。从汽车和电子工业到消费品和食品工业，塑料几乎无处不在。机械制造作为联系生产和加工的工艺技术，在此发挥着至关重要的作用。原材料通过注塑机和工具被加工成用于精加工的创新型精细耐用的成品或半成品，得益于自动化解决方案，其生产工艺更高效、经济可靠。

4. 铸造行业

在极端的工作环境下进行多班作业——铸造域的作业，使工人和机器遭受沉重负担。制造强劲的、专门适用于极重载荷的库卡铸造机器人的另一个原因在于可克服高污染、高温或外部环境恶劣。操作简便的控制系统和专用的软件包使机器人的应用十分灵活，无论是直接用于注塑机、还是用于连接两道工序，或是用于运输极为沉重的工件，其具有最佳的定位性能、很高的承载力以及可以安全可靠地进行高强度作业等优势。

5. 食品行业

机器人的运用范围越来越广泛，即使在很多的传统工业领域中，人们也在努力使机器人代替人类工作，在食品工业中的情况也是如此。目前人们已经开发出的食品工业机器人有包装罐头机器人、自动午餐机器人和切割牛肉机器人等。

6. 玻璃行业

无论是空心玻璃、平面玻璃、管状玻璃，还是玻璃纤维，现代化、含矿物的高科技材料都是电子和通信、化学、医药和化妆品工业中非常重要的组成部分，而且它对建筑工业和其他工业分支来说也是不可或缺的。

7. 家用电器行业

白色家电的大型设备领域对经济性和生产率的要求越来越高，降低工艺成本，提高生产效率成为重中之重，自动化解决方案可以优化家用电器的生产(图4-16)。

图4-16 家用电器

8. 冶金行业

无论是轻金属、彩色金属、贵金属、特殊金属，还是钢，金属工业都离不开铸造厂和钢/金属加工。如果没有自动化和多班作业，就无法确保生产的经济效益和竞争力，也无法减轻员工繁重的工作(图4-17)。

9. 烟草行业

工业机器人在我国烟草行业的应用出现在20世纪90年代中期，玉溪卷烟厂采用工业机器人对其卷烟成品进行码垛作业，用AGV(自行走小车)搬运成品托盘，节省了大量人力，减

图 4-17　冶金

少了烟箱破损, 提高了自动化水平。

第 5 章
工业机器人组成

【机器人本体】

工业机器人本体是所有应用工业机器人的主体组成部分，它配合着其他系统组成相应的工业机器人。下面是新力光工业机器人的本体结构与应用的介绍。

1. 工业机器人本体结构

工业机器人本体主要由驱动系统、机械系统、感知系统、控制系统四个部分组成（图 5-1）。机械系统又叫操作机，是工业工业机器人的执行机构，可分为基座、腰部、臂部、腕部和手部。

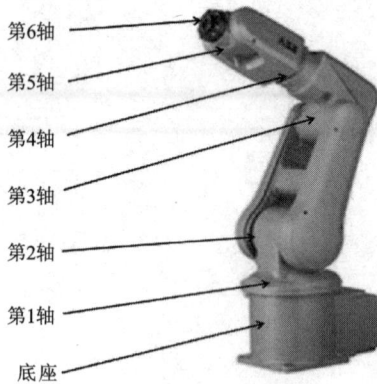

图 5-1　工业机器人本体结构

（1）工业机器人本体结构特点。

a. 工业机器人操作机可以简化成各连杆首尾相接，末端开放的一个开式连杆系（也可能存在部分闭链结构），连杆末端一般无法加以支撑，因而操作机的结构刚度差。

b. 操作机的每个连杆都具有独立的驱动器，连杆的运动各自独立，运动更为灵活。

c. 连杆驱动扭矩变化复杂，和执行件位姿相关。连杆的驱动属于伺服控制，因而对机械传动系统的刚度、间隙和运动精度都有较高的要求。

d. 操作机的受力状态、刚度条件和动态性能随位姿的变化而变化，极易发生振动或其他不稳定现象。

（2）工业机器人本体基本结构要求。

a. 机械系统抓重/自重比尽量大。

人类手臂的抓重大约为自重的 3~4 倍，从统计资料看，操作机的抓重/自重比约为 1/20~1/15，与人类手臂相比相去甚远。

臂杆的质量小，有利于改善操作机工作的动态性能，抓重/自重比高则意味着工作效率高，造价低。

b. 结构的静动态刚度尽可能好。

结构静动态刚度好有利于提高手臂端点的定位精度和对编程轨迹的跟踪精度，对离线编程至关重要。操作机具有较好的刚度，可增加设计的灵活性。比如，在选择传感器安装位置时，刚度好的结构允许传感器放在离执行件较远的位置。

c. 提高系统的固有频率，改善系统动态性能。

工业机器人中等速度运动时，工作频率为 1~20 Hz，而工业机器人的低阶固有频率为 5~25 Hz，有可能会共振。尽可能提高操作机结构的固有频率，避开工业机器人工作时的工作频率。

d. 工业机器人本体结构是机械结构和机械传动系统，包括传动部件、机身及行走机构、臂部、腕部、手部。

2. 工业机器人本体的应用范围

工业机器人本体主要用于机床上下料的工业机器人将成为趋势。在毛坯制造（冲压、压铸、锻造等）、机械加工、焊接、热处理、表面涂覆、上下料、装配、检测及仓库堆垛等作业中，工业机器人将成为一种标准设备而得到广泛应用。

国内 60% 的工业机器人用于汽车生产，全世界用于汽车工业的工业机器人已经达到总用量的 37%，用于汽车零部件的工业机器人约占 24%。随着汽车需求的不断增长，必将为工业机器人产业的发展带来新的生机。

工业机器人的产生给企业带来了巨大影响。其一，工业机器人可以提高生产效率和产品质量，工业机器人可以一直运转工作，产品质量受人的因素影响较小，质量更稳定。其二，工业机器人可代替人工，降低企业成本，且比人工带来更多的利润。其三，工业机器人可按照指令工作，无人为因素干扰，安排生产计划非常明确。其四，工业机器人可缩短产品改型换代的周期。其五，工业机器人可拓宽企业的业务范围。其六，工业机器人代表着工业自动化的高水平，体现企业的加工能力和科研能力，增强竞争力。

【机器人的大脑】

机器人的大脑就是控制系统。

如果仅仅有感官和肌肉，人的四肢并不能动作。一方面是因为来自感官的信号没有器官去接收和处理，另一方面也是因为没有器官发出神经信号，驱使肌肉发生收缩或舒张。同样，如果机器人只有传感器和驱动器，机械臂也不能正常工作，原因是传感器输出的信号没有起作用，驱动电动机也得不到驱动电压和电流，所以机器人需要有一个用硬件和软件组成的控制系统。

1. 机器人控制系统概念

机器人控制系统是指由控制主体、控制客体和控制媒体组成的具有自身目标和功能的管理系统。控制系统可以按照其所希望的方式保持和改变机器、机构或其他设备内任何感兴趣或可变化的量。控制系统同时是为了使被控制对象达到预定的理想状态而实施的，可使被控制对象趋于某种需要的稳定状态。

2. 机器人控制系统的功能要求

(1)记忆功能：存储作业顺序、运动路径、运动方式、运动速度和与生产工艺有关的信息。

(2)示教功能：离线编程、在线示教、间接示教。在线示教包括示教盒和导引示教。

(3)与外围设备联系功能：输入和输出接口、通信接口、网络接口、同步接口。

(4)坐标设置功能：有关节、绝对、工具、用户自定义四种坐标系。

(5)人机接口：示教盒、操作面板、显示屏。

(6)传感器接口：位置检测、视觉、触觉、力觉等。

(7)位置伺服功能：机器人多轴联动、运动控制、速度和加速度控制、动态补偿等。

(8)故障诊断安全保护功能：运行时系统状态监视、故障状态下的安全保护和故障自诊断。

3. 机器人控制系统的主要种类

控制系统的任务，是根据机器人的作业指令程序，以及从传感器反馈回来的信号，支配机器人的执行机构去完成运动和功能。假如机器人不具备信息反馈特征，则为开环控制系统；若具备信息反馈特征，则为闭环控制系统。

控制系统根据控制原理可分为程序控制系统、适应性控制系统和人工智能控制系统。

控制系统根据控制运动的形式可分为点位控制和轨迹控制。

4. 工业机器人控制系统组成

工业机器人的控制系统如图5-2所示。

(1)控制计算机：控制系统的调度指挥中心机构。

(2)示教盒：示教机器人的工作轨迹和参数设定，以及所有人机交互操作，拥有自己独立的CPU以及存储单元，与主计算机之间以串行通信方式实现信息交互。

(3)操作面板：由各种操作按键、状态指示灯构成，只完成基本功能操作。

(4)硬盘和软盘存储存：机器人工作程序的外围存储器。

(5)数字和模拟量输入输出：各种状态和控制命令的输入或输出。

(6)打印机接口：记录需要输出的各种信息。

(7)传感器接口：用于信息的自动检测，实现机器人柔顺控制，一般为力觉、触觉和视觉传感器。

(8)轴控制器：完成机器人各关节位置、速度和加速度控制。

(9)辅助设备控制：用于和机器人配合的辅助设备控制，如手爪变位器等。

(10)通信接口：实现机器人和其他设备的信息交换，一般有串行接口、并行接口等。

(11)网络接口。

a. Ethernet接口：可通过以太网实现数台或单台机器人的直接PC通信，数据传输速率高达10 Mbit/s，可直接在PC上用windows库函数进行应用程序编程，支持TCP/IP通信协议，

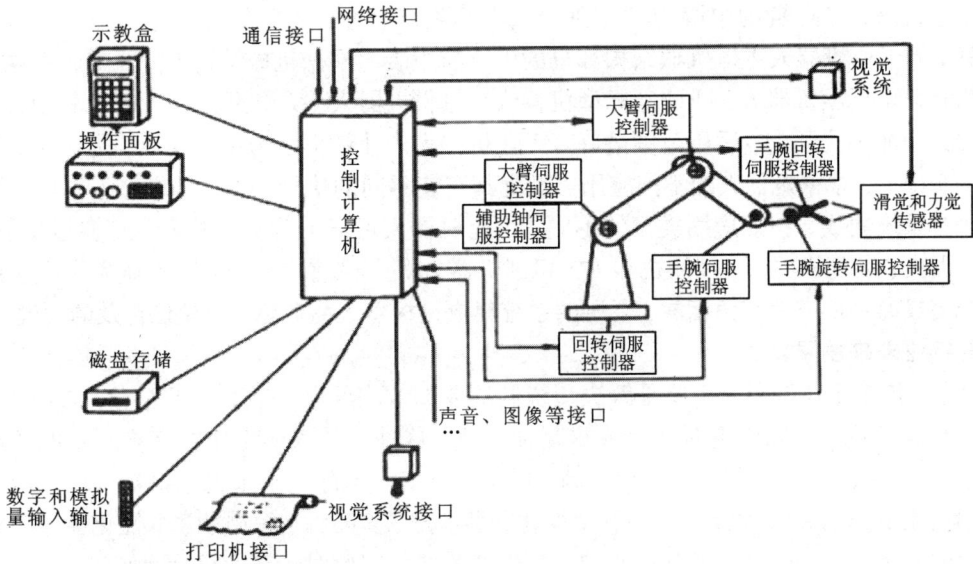

图 5-2　工业机器人控制系统

通过 Ethernet 接口将数据及程序装入各个机器人控制器中。

b. Fieldbus 接口：支持多种流行的现场总线规格，如 Devicenet、ABRemoteI/O、Interbus-s、profibus-DP、M-NET 等。

【和机器人对话】

1. 机器人用人需求

工业机器人工程师现在十分稀缺，而且工业机器人现在在中国发展得很快，很有市场前景。随着"中国制造 2025"的提出，工业机器人行业大热，工业机器人被称为"制造业黄光的明珠"，在汽车制造、3C 电子制造、五金制造、陶瓷卫浴、物流运输等各个行业都已经开始用工业机器人替代人，人工智能已经是大势所趋，未来十年 85% 以上劳动密集型产业的工业生产将逐渐被智能工厂取代，像奔驰的德国辛德尔芬根工厂，就是一个拥有 4500 台工业机器人的超级智能工厂。毋庸置疑，工业机器人这个行业的发展前景一片光明，就目前来说，市场相应的人才供给明显不足，技术项目研发人才更短缺，这个人才缺口也将会逐年增大，因此，现在以及未来很长一段时间内，工业机器人的相关技术人才需求很大。

2. 工业机器人的产业价值链的构成

工业机器人产业链可以分为上游（核心零部件制造）、中游（工业机器人本体生产企业）、下游（系统集成），此外还有贯穿于整个产业链的物流、销售商等。工业机器人产业链上游为核心零部件制造，核心零部件包括减速机、伺服驱动/电机和控制器，对整个工业机器人的性能指标起着极其关键的作用。这些核心零部件支持、完成了工业机器人的主要运作，控制器在接收到指令之后，将指令信号转换为路径控制信号发送到伺服驱动，伺服驱动控制电机转动，电机通过减速机带动执行机构运动。国内目前核心零部件缺失，国内厂商对国际厂商的依赖度仍非常高。

工业机器人产业链的中游为工业机器人本体生产企业，主要负责工业机器人支柱、手臂、底座等工业机器人主体机械结构部分的生产与组装。根据机械结构形式，工业机器人可以分为直角坐标型机器人、圆柱坐标型机器人、并联机器人、关节型机器人等。其中，关节型机器人功能最为强大，适用范围最广。工业机器人产业链下游为系统集成，是指在机器人本体的基础上，根据机器人的不同应用类型为其安装不同的执行装置，将机器人本体和附属设备进行系统集成。按照应用类型的不同，工业机器人可以分为焊接机器人、搬运机器人、码垛机器人、装配机器人、喷涂机器人、切割机器人等。目前，工业机器人业务为产业链下游系统集成商。从产业链角度看，下游的系统集成是机器人商业化、规模化普及的关键。

3. 行业未来发展趋势

目前，传统工业机器人主要是解决传统制造业的效率问题，是工作于静态、结构化、确定性的无人环境中，以固定时序完成重复性作业，这种机器人的工作特点在于空间相对隔离、与人非接触、预编程或示教再现控制、需要外部安全保障。未来工业机器人的产业趋势伴随制造业本身的升级和转型也将发生变化，小批量、多品种、短周期、个性化会成为新兴制造业的显著特点，也是未来制造业的主要生产模式。因此对于工业机器人来讲，下一代工业机器人是一种可融入人类生产、生活环境，与人优势互补、合作互助，进而成为具备可变作业能力的人类助手型机器人。

4. 行业发展存在的问题

（1）行业标准尚未建立。机器人产业链的中游本体制造和下游集成开发的厂商竞争激烈，但是由于工业机器人的应用场景较多，如冲压、压力铸造、热处理、焊接、涂装、塑料制品成形、机械加工和简单装配等，下游市场需求分散，因此暂时没有建立有效的细分标准和技术规范。这使得行业在短期内将继续处于完全竞争状态。

（2）核心技术有待提高。我国工业机器人行业发展起步较晚，技术相对落后，国内企业普遍存在自主创新意识不足、研发投入不够等问题，这削弱了国内企业在面对国外竞争对手时的核心竞争力。例如，在机器人核心零部件的制造技术方面，国内企业与国外大型企业的差距明显，在目前国内的核心零部件市场、高端机器人市场，国外大型企业依然占主导地位。但近年来，我国政府已开始重视机器人等智能自动化装备的技术研发，并陆续出台了《智能制造科技发展"十三五"专项规划》等支持政策。

第6章
云计算

【什么是云计算】

云计算(cloud computing)是分布式计算的一种,可通过网络云将巨大的数据计算处理程序分解成无数个小程序,然后,通过多部服务器组成的系统进行处理和分析这些小程序得到结果并返回给用户。云计算早期,就是简单的分布式计算,解决任务分发,并进行计算结果的合并,因而,云计算又称为网格计算。通过这项技术,可以在很短的时间内(几秒钟)完成对数以万计的数据的处理,从而达到强大的网络服务(图6-1)。

图6-1 云计算

【发展历程】

云计算这个概念从提出到今天,已经差不多15年了。在这15年间,云计算取得了飞速的发展与翻天覆地的变化。现如今,云计算被视为计算机网络领域的一次革命,因为它的出现,社会的工作方式和商业模式也在发生巨大的改变。

追溯云计算的根源，它的产生和发展与之前所提及的并行计算、分布式计算等计算机技术密切相关，这些技术都促进着云计算的成长。云计算的历史，可以追溯到 1956 年，Christopher Strachey 发表了一篇有关虚拟化的论文，正式提出了虚拟化的概念。虚拟化是今天云计算基础架构的核心，也是云计算发展的基础，而后随着网络技术的发展，逐渐孕育了云计算的萌芽。

在 20 世纪 90 年代，计算机网络出现了大爆炸，出现了以思科为代表的一系列公司，随即网络出现泡沫时代。

2004 年，Web2.0 会议举行，Web2.0 成为当时的热点，这也标志着互联网泡沫破灭，计算机网络发展进入了一个新的阶段。在这一阶段，让更多的用户方便快捷地使用网络服务成为互联网发展必须解决的问题，与此同时，一些大型公司也开始致力于开发大型计算能力的技术，为用户提供了更加强大的计算处理服务。

在 2006 年 8 月 9 日，Google 首席执行官埃里克·施密特（Eric Schmidt）在搜索引擎大会（SES San Jose 2006）首次提出"云计算"（cloud computing）的概念。这是云计算发展史上第一次正式地提出这一概念，有着巨大的历史意义。

2007 年以来，云计算成了计算机领域最令人关注的话题之一，同样也是大型企业、互联网建设着力研究的重要方向。因为云计算的提出，互联网技术和 IT 服务出现了新的模式，引发了一场变革。

在 2008 年，微软发布其公共云计算平台（windows azure platform），由此拉开了微软的云计算大幕。同样，云计算在国内也掀起一场风波，许多大型网络公司纷纷加入云计算的阵列。

2009 年 1 月，阿里软件在江苏南京建立首个电子商务云计算中心。同年 11 月，中国移动云计算平台大云计划启动。到现阶段，云计算已经发展到较为成熟的阶段。

【虚拟化技术】

虚拟化突破了时间、空间的界限，是云计算最为显著的特点。虚拟化技术包括应用虚拟和资源虚拟两种。众所周知，物理平台与应用部署的环境在空间上是没有任何联系的，而是通过虚拟平台对相应终端操作完成数据备份、迁移和扩展等（图 6-2）。

【可扩展性】

用户可以利用应用软件的快速部署条件更为简单快捷地将自身所需的已有业务以及新业务进行扩展。例如，云计算系统中出现设备的故障，对于用户来说，无论是在计算机层面上，亦或是在具体运用上，均不会受到阻碍，可以利用计算机云计算具有的动态扩展功能来对其他服务器开展有效扩展。这样一来就能够确保任务得以有序完成。在对虚拟化资源进行动态扩展的情况下，能同时高效扩展应用，提高计算机云计算的操作水平。

图 6-2　云计算虚拟化

【性价比高】

将资源放在虚拟资源池中统一管理，在一定程度上优化了物理资源，用户不再需要昂贵、存储空间大的主机，而可以选择相对廉价的 PC 组成云，一方面减少费用，另一方面计算性能不逊于大型主机。

第 7 章
工业物联网

【什么是工业物联网】

工业物联网是将具有感知、监控能力的各类采集、控制传感器或控制器，以及移动通信、智能分析等技术不断融入工业生产过程的各个环节，从而大幅提高制造效率，改善产品质量，降低产品成本和资源消耗，最终实现将传统工业提升到智能化工业的新阶段。从应用形式上，工业物联网的应用具有实时性、自动化、嵌入式(软件)、安全性、和信息互通互联性等特点(图 7-1)。

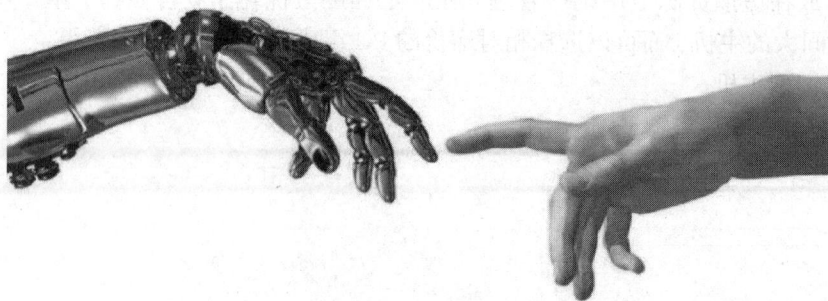

图 7-1　人机交互

【传感器技术】

价格低廉、性能良好的传感器是工业物联网应用的基石，工业物联网的发展要求更准确、更智能、更高效以及兼容性更强的传感器技术(图 7-2)。智能数据采集技术是传感器技术发展的一个新方向。信息的泛化对工业传感器和传感装置提出了更高的要求如微型化(元器件的微小型化，要求节约资源与能源)、智能化(具备自校准、自诊断、自学习、自决策、自适应和自组织等人工智能技术)、低功耗与能量获取技术(供电方式为电池、阳光、风、温度、振动等多种方式)。

图 7-2　传感器技术

【设备兼容技术】

大部分情况下，企业会基于现有的工业系统建造工业物联网。如何使工业物联网中所用的传感器与原有设备已应用的传感器相兼容，是工业物联网推广所面临的问题之一。传感器的兼容主要指数据格式的兼容与通信协议的兼容，兼容关键是标准的统一（图 7-3）。目前，工业现场总线网络中普遍采用的如 Profibus、Modbus 协议，已经较好地解决了兼容性问题。大多数工业设备生产厂商基于这些协议开发了各类传感器、控制器等。近年来，随着工业无线传感器网络应用日渐普遍，当前工业无线的 WirelessHART、ISA100.11a 以及 WIA-PA 三大标准均兼容了 IEEE802.15.4 无线网络协议，并提供了隧道传输机制兼容现有的通信协议，丰富了工业物联网系统的组成与功能（图 7-4）。

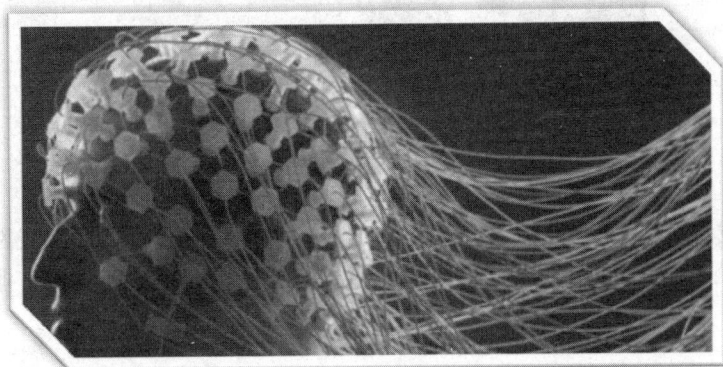

图 7-3　设备兼容

图7-4　各种机器人设备兼容

【网络技术】

网络是构成工业物联网的核心之一，数据在系统不同的层次之间通过网络进行传输（图7-5）。网络分为有线网络与无线网络。有线网络一般应用于数据处理中心的集群服务器、工厂内部的局域网以及部分现场总线控制网络中，能提供高速率、高带宽的数据传输通道。工业无线传感器网络则是一种新兴的利用无线技术进行传感器组网以及数据传输的技术，无线网络技术的应用可以使得工业传感器的布线成本大大降低，有利于传感器功能的扩展，因此吸引了国内外众多企业和科研机构的关注。

图7-5　网络技术

传统的有线网络技术较为成熟，在众多场合已得到了应用验证；而无线网络技术应用于工业环境时，会面临如下问题：工业现场强电磁干扰、开放的无线环境让工业机器更容易受到攻击威胁、部分控制数据需要实时传输等。

第 8 章
人工智能

【人工智能的定义以及应用】

人工智能是二十一世纪最伟大的技术之一，它的应用非常广泛，它的身影几乎随处可见。计算机网络技术是为了更方便被人类使用、很好地服务于生活，而把计算机和网络两种技术融合在一起的技术。当然，它既有利也有弊，人们在使用它的同时也在担忧着另外一些问题，网络安全就是很重要的一个关注点。

被人类创造出来的服务于人类的智能机器被称为人工智能(图 8-1)，它们根据人类的反应，能够做出相应的反应来满足使用人的需求。约翰·麦卡锡在 1955 年对人工智能做出的一个定义是"制造智能机器的科学与工程"。安德里亚斯·卡普兰(Andreas Kaplan)和迈克尔·海恩莱因(Michael Haenlein)把人工智能定义为"系统正确解释外部数据，从这些数据中学习，并利用这些知识通过灵活适应实现特定目标和任务的能力"。

图 8-1　人工智能

人工智能在数据比较泛滥的年代有很多复杂的应用。比如，处理信息的痕迹完全消失，人们在进行日常生活和工作活动的过程中，往往只需要根据自身的一些实际生活需求来对互联网设备发送相关指令，互联网设备就可以根据其指令来完成相关的操作。然而，互联网的日常运行以及相关的维护工作大部分都是需要具备计算机信息技术的操作人员来对互联网设备进行控制的，在社会经济飞快向前发展的情况下，互联网技术也在迅速发展，正因为如此，当前在各个行业和领域的相关从业人员也需要加快自身对信息技术知识的学习，并加强运用网络信息技术来优化现有业务系统的能力，以此确保互联网相关行业的持续发展。此外，其还可以智能化处理数据，当前社会经济正处于一个不断发展的过程，其中网络上的信息数据量也呈现爆炸式增长的发展趋势，与此同时网络信息数据需要进行相对应的存储和整合以及搜索等数据处理。在这种情况下，人工智能就成了帮助人们处理信息数据的有效途径。最后，其可以大大降低数据处理的成本。以前这些事情都是人类自己完成的，处理这些数据所需要的人才大部分需要很多方面的知识，所以在读书阶段花费的时间也很多，学到了知识是一回事，把知识变成实践又是一回事，还需要积累很多的实战经验，然后搭配一些价值不菲的设备，是一个非常耗时、耗力的事情，但是现在利用人工智能就能够很好地避开劣势、发扬优势，增加准确性。

人工智能主要分为自然语言处理、计算机视觉（图8-2）、语音识别、专家系统以及交叉领域等五个领域。每个领域都可以运用在不同的场景，比如自然语言处理可以分为语言翻译、文字识别等，专家系统可以分为智能病例处理、智能医院、城市系统、物流机器人等。但是在人工智能的运用过程中也会出现很多问题，比如人工智能的智能化程度不高，推理能力达不到预期的效果，不能正确认识较为抽象的问题。还比如人脸识别系统，这是一项非常新兴的生物识别技术，目前最顶尖的人脸识别系统的准确率已经可以达到98.5%，但是对一些外观结构非常相似的人脸，如双胞胎等，就无法正确识别，其次人脸识别也具有易变性的问题，光照条件不同、人体姿态不同，都会对人脸识别的准确率造成影响。

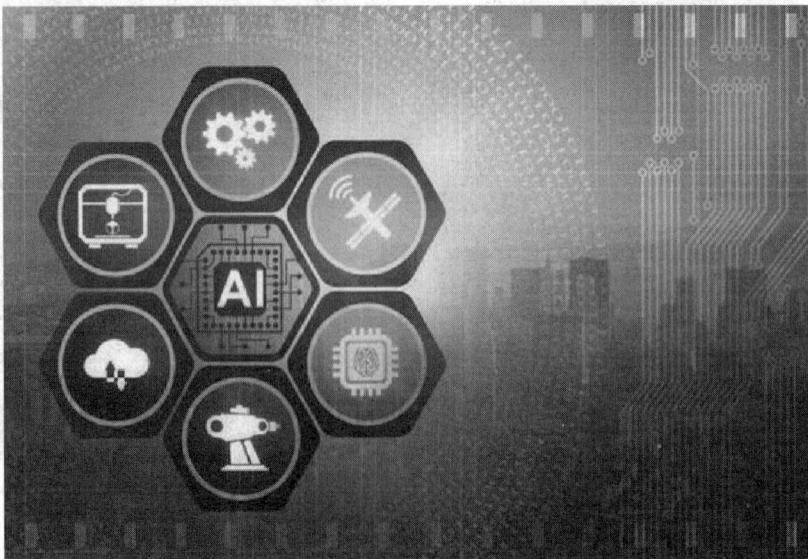

图8-2　计算机视觉

【人工智能与计算机网络技术】

1. 在网络安全方面的应用

随着人类社会进入大数据时代，网络与人类的日常生活越来越紧密地联系在一起。然而，网络在实际应用过程中存在着各种安全隐患，如个人信息被恶意窃取、钱财被骗等。中央电视总台的普法栏目《焦点访谈》曾经报道过一个例子，一位先生在某天突然发现自己的手机收到了奇怪的验证码信息，然后警戒心很强的他并没有觉得这只是一件小事，他马上检查了自己的所有账户信息，最终发现自己的支付宝所绑定的银行卡里少了两万块钱，他马上向当地派出所报警，警察了解情况后，在相关技术人员的帮助下，揭露了真相，快速抓捕了相关犯案人员。嫌疑人所采用的方法便是本文所描述的计算机网络技术安全方面的漏洞，这些人通过一个窃取信息的软件，就可以在方圆十公里内同步接收到这位受害人手机上的验证码，于是即使没有面对面的接触，受害人的钱就已经到了犯案人员手里。而公安人员就是通过人工智能查找信息、匹配信息，最终锁定犯案人员的。这个真实案例清晰地告诉人们，计算机网络在安全方面的漏洞仍然存在，人工智能的使用可以帮助人类便捷地完成任务。

人工智能应用在我们实际生活中的案例也有很多。比如当我们的手机接收到一些不常联系的电话或者短信，这些电话可能是一些推销、诈骗的电话，或者没有什么实际意义的电话，只是软件所执行的一个程序，这些电话或者信息对我们的财产安全甚至人身安全造成了一定程度上的威胁，人工智能系统通过信息的筛选，比如有多个人标记电话号码、有多个人拒绝接听电话号码，统计信息后，对具体到某一个人的手机就做出拦截处理。再比如一些非法犯罪分子，利用病毒软件犯罪，大部分人仅仅拥有网络的使用权，而没有支配权，且这类病毒软件看不见、摸不着，这个时候人工智能系统可以根据本身的经验和对以往数据的积累，快速判断哪里出现了问题，然后自己解决或者提醒人们解决。

2. 在网络建设方面的应用

随着网络信息时代的到来，人们的生活、工作、学习都离不开信息技术的支持和帮助。计算机在各方面都很好地满足了社会发展的需要。在生活中，来到一个陌生的地方且找不到路的时候，可以用导航软件的定位功能先确定自己的位置，然后输入目的地，这样就可以根据实际情况来决定是步行、坐公交车或是坐出租车。选择步行时，它可以提供具体的行走路线；选择坐公交车时，它可以提供具体的车次和到达的时间；选择坐出租车时，它可以使用出行软件叫车，让司机过来找我们。在工作中，教师可以从网上搜索授课所需要的资料，能够比较直接地达到目的，并且得到丰富的有关信息。在学习中，可以通过线上图书馆找到所需要的书籍，然后进行阅读，在一些不太重要的场合，仅供休闲娱乐时，电子书比纸质书便捷得多。一些大型场合引入的机器人，能够很亲切地和人交谈，并且解决有关咨询方面的问题，比如商场里的机器人可以指路、银行里的机器人可以告诉那些不会操作的人怎么去操作，它们比人类更有礼貌和耐心，人类面对这种高新科技的发展产物也更欢喜(图 8-3)。

研究人员应该充分利用人工智能技术并且积极开发基于人工智能的相关应用，更进一步来说，相关从业人员需要借助人工智能技术优化和完善现有数据库资源，开发更多实用的功能来给人们提供更全面、更好的服务质量，以保证网络安全、稳定地运行；同时也需要在这方面做更多的研究，人类目前已经意识到人工智能在网络信息安全方面可以成功解决很多问题，在这个条件下，不能满足于现有的成果，要多方面去拓展思维，只要思想不滑坡，办法总比困难多，要让人工智能更大程度地服务于人类，就需要锲而不舍地进行探索。

图 8-3　交流命令

【总结】

人工智能在网络安全和网络建设方面的应用是必需的，它不仅有助于提高计算机网络数据处理的准确性和可靠性，还会让人们很快地接受科技带来的便捷。同时，在这个大数据时代的大环境下，相关从业人员应该对其技术有更多的了解和分析，并更好地进行计算机网络技术的优化完善，为祖国的网络建设添砖加瓦，让人民生活更加幸福。

第 9 章
数字孪生

【编程语言】

数字孪生技术(digital twin)，是美国最早提出的概念，是一个物理的数字方式表达(图 9-1)，可以让我们在数字化产物上看到实际的物理产品可能发生的演进情况，还包括了与此相关的虚拟现实等技术。它是一种超越现实的概念，被看成一个或多个重要、彼此相关联的设备系统数字映射系统。数字孪生已经走过了几十年的发展历程，只不过以前没有这样命名，而是发展到了一定阶段，人们意识到应该给这种综合化的技术起一个更确切的名字。

图 9-1　数字孪生时代

图片出处 https://cn. dreamstime. com/%E5%BA%93%E5%AD%98%E7%85%A7%E7%89%87-%E7%8E%
B0-%E8%BF%9E%E6%8E%A5%E6%8A%80%E6%9C%AF%E8%83%8C%E6%99%AF-image91597803

【数字孪生技术的发展格局】

数字孪生是一种以数字化方式创建物理实体的虚拟实体,它充分利用物理模型、传感器更新、运行历史等数据,集成多学科、多物理量、多尺度、多概率的仿真过程,在虚拟空间中完成映射,从而反映相对应的实体装备的全生命周期过程。数字孪生主要通过对物理世界的人、物、事件等所有要素数字化,在网络空间再造一个与之对应的"虚拟世界",形成物理维度上的实体世界和信息维度上的数字世界同生共存、虚实交融的格局。物理世界的动态,通过传感器精准、实时地反馈到数字世界。数字化、网络化能达到由实入虚的目的,网络化、智能化可实现由虚入实的目标,通过虚实互动、持续迭代,实现物理世界的最佳有序运行。

近年来,我国高度重视数字经济的发展,产业数字化升级战略正在推进中,引导数字经济与实体经济深度融合,促进经济高质量发展。数字孪生作为一项关键技术和提高效能的重要工具,可以有效发挥其在建模、数据采集、分析预测、虚拟仿真等方面的作用,助力推进数字化产业化,其行业应用更是有无限广阔的空间。数字孪生作为新一代高新技术,结合人工智能、5G、区块链等前沿技术与各产业不断融合深化,有力推动各行业数字化转型的发展,实现智能互联网时代的升级与变革。

中国工程院院士李培根表示,数字孪生体是新一代制造业最大特点。数字孪生技术支持从创新概念到产品运行的全过程,即贯穿产品的全生命周期。数字孪生体的价值在于与物理生命体的"共生"。在产品运行过程中,过程数据不断丰富数字孪生模型,获得的衍生数据反过来又能优化产品的运行。中国工程院院士李伯虎认为,支持数字孪生技术是数字化、网络化、云化、智能化模式的谋生手段。"智能+"时代的建模仿真技术是"智能+"时代的建模和仿真的模式、手段和业态的变化,而且随着时代的需求和其他技术的不断发展,建模仿真技术也会有所突破。在软件定义的时代,如果建模和仿真没有数字化、网络化、云化、智能化的模式手段及业态就是空谈,因此要持续地研究建模、仿真的模式和手段及业态的新发展。

【数字孪生发展的关键技术】

1. 数据采集技术

数据是数字孪生最核心的要素,它源于物理实体、虚拟模型、服务系统,同时在融合处理后又融入各部分中,推动了各部分的运转。因此,数据的采集是数字孪生的基础。各个设备厂家在开发过程中,为了更好地适应不同用途场景的复杂环境,体现出设备的特点,不同的厂家使用了不同的现场总线,不同的设备之间又需要不同的设备通信协议来可靠地传输数据。因此,直到今天还没有一个全球统一的应用层协议。目前市场上至少有几千种以上的设备通信协议,如 modbus、HART、ASI、PPI、TCP/IP、NetBEUI、MPI 以及工业以太网等,种类繁多的协议所产生的数据格式完全不同;硬件设备的端口类型也是五花八门,包括 RJ-45、SC、AUI、BNC、Console、FDDI 等,给设备互通带来很大难度,形成信息孤岛。要实现从控制系统中读取设备数据就需要经过数据格式解析、数据结构重新定义、数据逻辑重新定义等,对原生数据进行清理,进而从众多数据中提取关键、有效的部分并进行输出。同时支持开放式通信标准 OPCUA 和 API 自定义协议接入,可确保数据传输的稳定性,降低数据传输的延时，实现边缘数据采集的高速、高可靠性和高适应性，这也是后续数字孪生系统运行的重要基础。

2. 数字孪生数据应用

数字孪生数据包括物理实体、虚拟模型、服务系统的相关数据、领域知识及其融合数据，并随着实时数据的产生被不断更新与优化。数字孪生数据是数字孪生运行的核心驱动，将以上四个部分进行两两连接，使其能有效、实时地传输数据，从而实现实时交互以保证各部分间的一致性与迭代优化。

数字孪生针对应用对象及需求分析出物理实体的特征，建立虚拟模型，构建连接实现虚实信息数据的交互，并借助孪生数据的融合与分析，最终为使用者提供各种服务应用。多维虚拟模型就是实现产品设计、生产制造、故障预测、健康管理等各种功能最核心的组件，在数据驱动下多维虚拟模型将应用功能从理论变为现实。

3. 数据建模技术

数字孪生应用中真实物理空间的映射建模，需要用丰富的建模、计算求解、仿真工具集来强化多时空尺度模型，统一计算求解能力。通过研制建模、计算求解、仿真工具集，形成多时空尺度模型，统一计算求解能力，研究多领域、多层次数字孪生模型建模方法，形成模型构建与求解软件工具集，从而提升工业互联感知接入装置与软件的多协议、跨平台适应能力，实现多维模型的虚实映射。

物理实体是客观存在的，它通常由各种功能子系统（如控制子系统、动力子系统、执行子系统等）组成，并通过子系统间的协作完成特定任务。各种传感器部署在物理实体上，实时监测其环境数据和运行状态。虚拟模型是物理实体忠实的数字化镜像，集成与融合了几何、物理、行为及规则四层模型。服务系统集成了评估、控制、优化等各类信息系统，基于物理实体和虚拟模型提供智能运行、精准管控与可靠运维服务。

在实际落地中，部署在 PaaS 层上的数字孪生应用，可以对企业的设计、生产、管理、运维等领域服务升级形成开放 PaaS 服务，同时其具有独立的数据建模服务，能根据工业场景的复杂性和客户需求的多样性，结合多种要素，围绕不同场景构建数据模型，并自动生成数据模型的概念关系图、逻辑图和实体模型。构建的数据模型库通过开放的 API 接口，以标准化模型库为基准，进行数据交互与存储，通过数据建模工具，对物理空间进行虚拟空间的数字转化提供数据模型，形成虚拟空间的实体数据模型库，为实现企业的虚拟数字孪生运行和企业数字化转型提供技术支撑，助力企业数据模型共享、复用、多方参与、协同演进的新生态。

4. 人工智能技术

在数字孪生应用中，需要在虚拟空间对现实物理映射做到多概率的仿真，这就离不开算法模型和人工智能的开发，可以将非常复杂的设计模型放到神经网络中，借助深度学习把高自由度的模型削减为低自由度且仍能够提供我们所需要的模型能力。从原理上来说，所有物理映射的虚拟必须进行模拟，这些模拟非常耗时耗力，而使用人工智能可以高效地选择可用性最高的仿真选项。

5. 人机交互技术

动态实时交互连接将物理实体、虚拟模型、服务系统连接为一个有机的整体，使信息与数据得以在各部分间交换传递，同时将数字孪生应用生成的智能应用、精准管理和可靠运维等功能以最为便捷的形式提供给用户，给予用户最直观的交互。

【数字孪生架构体系】

数字孪生的架构体系如图 9-2 所示。

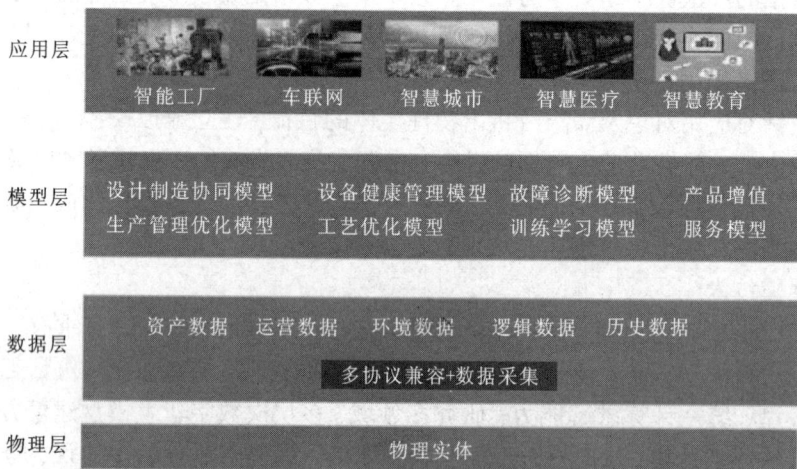

图 9-2 数字孪生架构体系

1. 物理层

数字孪生是以数字化方式创建物理实体的虚拟实体，从而在虚拟空间中实现多学科、多物理量、多尺度、多概率的仿真过程映射。物理层所对应的物理实体，是指物理现实世界中离散的、可识别和可观察的事物，如城市、工厂、设备、制造工艺等。

2. 数据层

在虚拟空间映射物理空间的过程中，大量、动态、实时、安全可靠的数据信息是数字孪生的基础。这些数据包括资产数据、运营数据、环境数据、逻辑数据及历史数据等。要采集这些数据，需要给物理过程、设备配备大量的传感器，结合高带宽、低延时、高可靠的数据信息传输技术，将采集到的数据进行解析和处理后，汇入模型层进行数据建模，实现实时反应物理过程及其环境的动态变化。

3. 模型层

模型层建模方式一般有知识建模、机理建模和数据建模三种。知识建模模型要求建立专家知识库并且有一定行业经验，模型较简单；机理建模模型覆盖变量空间大、可脱离物理实体、具有可解释性，需要大量的参数进行复杂计算；数据建模模型精度较高，可动态更新。

构建的数据模型库通过开放的 API 接口，以标准化模型库为基准，进行数据交互与存储，通过数据建模工具为物理空间进行虚拟空间的数字转化提供数据模型，形成虚拟空间的实体数据模型库，为实现用户的虚拟数字孪生运行供技术支撑；通过各类模型的建立以及仿真技术，最终呈现出物理实体在虚拟空间映射的 3D 模型，并具备外观、几何、运动结构、几何关联等属性，真实呈现出被映射对象的空间运动规律，结合多种学科进行计算分析，从而对映射对象的未来进行多概率的仿真预测。

4. 应用层

数字孪生应用通过感知、建模、软件等技术，动态模拟或监测物理空间的真实状态、行为和规则，是实现物理空间与信息空间的人员、设备、物料、方法、环境、测试等要素相互映射、实时交互、高效协同的操作系统。针对应用对象及需求分析物理实体特征，建立虚拟模型，构建连接实现虚实信息数据的交互，对物理实体各要素进行监测和动态描述，分析历史数据，检查功能、性能变化的原因，揭示各类因素之前的关联，实现在分析过去的基础上预测未来，为使用者提供决策行为指导。

【数字孪生赋能"数字之路"】

随着信息化技术时代的发展，数字孪生在不同领域的普及越来越广泛。现阶段，除工业制造以外，数字孪生被广泛应用于生物医药、新能源、轨道交通、智慧城市等行业，由此可见，数字孪生赋能行业发展的场景之路将会更加广泛，各个领域越来越多的制造业企业开始计划实施数字孪生的部署(图9-3)。

图 9-3　数字孪生前景

在智慧城市领域，数字孪生推动新型智慧城市建设的发展，城市构建的空间在信息空间上虚拟映像叠加，虚实结合，将现实物理存在的事物，以数字化方式拷贝一个对象，重塑城市基础设施面貌，孪生互动出城市发展的新形态。借助互联网信息化快速发展时代的产物，以广泛的感知力、高速便捷的网络、智能科技的计算，创建一种更加智慧化的新型城市。数字孪生城市有效融合政府各职能部门现有数据资源，提供了实时有效的全局规划、全面感知和治理能力预测，可提高城市运营管理水平、驱动城市走向精细化。

在智慧医疗领域，随着我国医疗体制改革的深入推进，数字孪生技术加快探索健康医疗智能化的进程，利用技术的融合实现医疗设备的互联互通，支持院内设备全数据采集、处理、储存与应用转化，提高医院服务效率，降低运营与管理成本等。同时，数字孪生可以促进医疗资源的合理化分配，大幅度降低资源重复使用，减少负担，缓解资源紧缺的压力。

在教育培训领域，数字孪生在教育行业融合 AI、5G、AR、VR 等新兴技术，寻找新的突破口。数字孪生和人工智能的结合是一个非常大胆的尝试与创新，对于教育行业的发展是一个重要的突破。数字孪生技术和人工智能都是引领新一代信息与科技变革的重要驱动力，改变着人们的学习方式，互相发挥其技术优势，极大地推动教育的创新与发展。

【数字孪生前景】

目前数字孪生技术已在工业互联网、智慧城市、医疗机构、能源等领域发展得如火如荼，我们相信未来通过运用数字孪生技术与安防设备联合，可推进安防行业向数字化方向更好、更快转型，推动基础设备智能化、数字化升级，进一步丰富城市治理的手段，提高警务能力，优化产业发展，为安防行业的发展带来新机遇(图9-4)。

图 9-4　数字孪生

第 10 章
工业互联网

【工业互联网的发展历程】

一、工业互联网的基本内涵

　　工业互联网如今已经成为全球各界讨论的热点话题。工业互联网并不是横空出世的概念，其经历了从工业控制系统到传感网、物联网，再到现在工业互联网的悠久发展历程。本章我们将学习整个工业互联网的发展。工业互联网的基本内涵如图 10-1 所示。

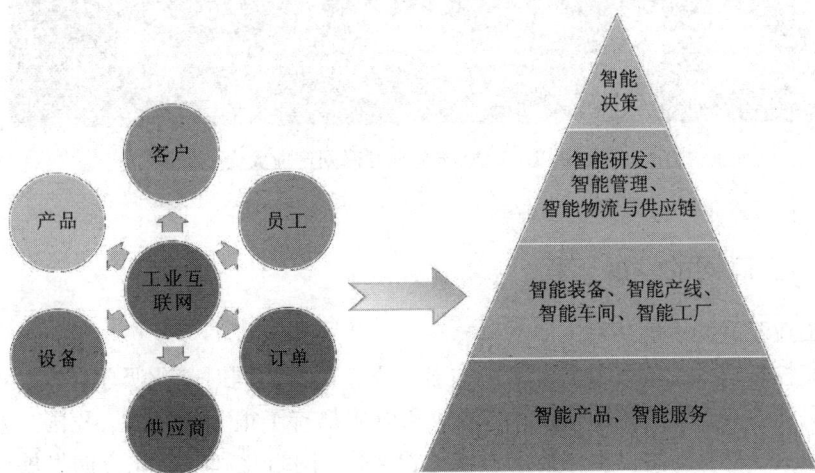

图 10-1　工业互联网的基本内涵

　　现在很多新的技术不断涌现，除了原来侧重的 IT 行业，新的技术还在加速向新的实体经济产业的各个环节渗透，包括共享单车、自动驾驶、人工智能等。工业互联网本身就是互联网和制造业的结合，ICT 新的技术融合将会对原有工业模式产生很大的变化和影响。

　　国家强调数字化转型或数字经济。数字经济包含数字经济产业化和产业数字化两个部分。产业数字化部分强调 ICT 对其他产业的贡献，它会带动 GDP 增长，在农业、工业和服务业三大产业当中，目前对服务业影响比较大，其次是工业，对 GDP 增长的贡献超过 30%。在当前工业领域，工业数字化是工业转型升级的重要推动力。

工业互联网发展的大脉络有两个维度，上维度是互联网的发展，下维度是工业的发展。互联网从消费互联网向产业互联网发展，其中一个很重要的方面，就是面向实际的生产经营，利用互联网提供相关的服务和支撑。工业本身也有一个自动化、系统化的过程。一开始是单机控制到工控系统，再到 ERP 等工业的管理系统，工业和互联网逐步出现融合发展，再到 2012 年工业互联网的概念正式提出，随着新技术、新发展理念的引入，工业系统正在从单点的信息技术应用向全面的数字化、网络化、智能化演进。如图 10-2 所示，为 2020 年世界互联网产业大会。

图 10-2　2020 年世界互联网产业大会

二、工业互联网的发展历程

1. 我国工业互联网发展历程

我国工业控制自动化的发展，大多是在引进成套设备的同时消化吸收，然后进行二次开发和应用。目前，工业控制自动化技术、产业和应用都有了很大的发展，我国工业计算机系统行业已经形成，工业控制自动化技术正在向智能化、网络化和集成化方向发展（图 10-3）。随着传感技术的发展，大量的多种类传感器节点组织的传感网络逐渐形成，该网络集计算机、通信、网络、智能计算、传感器、嵌入式系统、微电子等多个信息技术于一体，旨在实现对物理世界的动态智能和协同感知。2009 年在无锡成立国家传感信息中心，标志着我国对传感技术尤其是微型传感器发展的高度关注，随后传感器网络标准工作组成立，开启了传感网标准的研究，试图在国际标准制定中争得话语权。《国家中长期科学与技术发展规划（2006—2020 年）》和"新一代宽带移动无线通信网"重大专项中均将传感网列入重点研究领域，为我国传感网络的发展提供良好的政策环境。

传感网络的发展为物联网底层的互联网络奠定了良好的基础。随着 IBM"智慧地球"的提出，我国提出"感知中国"，意味着关注焦点从传感网络转移到了物联网。2009 年，时任总

图 10-3 工业互联网与智能制造

理温家宝在首都科技界发表的《让科技引领中国可持续发展》讲话中，明确表示"要着力突破传感网、物联网关键技术，及早部署后 IP 时代相关技术研发，使信息网络产业成为推动产业升级、迈向信息社会的'发动机'"。随着首颗物联网核心芯片——"唐芯一号"的研制成功，一些发达省市将物联网列为重点培育和发展的新兴产业，如广东的"南方物联网"，北京的"中国物联网产业中心"，上海投资 8 亿元攻克物联网核心技术并在世博会得到了广泛应用，江苏打造无锡物联网产业创新集群，四川抢滩物联网产业建设全国首个"智慧县城"等，都标志着我国物联网的已经从技术研究阶段发展到了实际应用的阶段。传感器网络是由许多在空间上分布的自动装置组成的一种计算机网络，这些装置使用传感器协作地监控不同位置的物理或环境状况（比如温度、声音、振动、压力、运动或污染物）。无线传感器网络的发展最初起源于战场监测等军事应用，而现今无线传感器网络被应用于很多民用领域，如环境与生态监测、健康监护、家庭自动化、以及交通控制等。互联网模型如图 10-4 所示。

图 10-4 互联网模型图

2. 国外工业互联网发展历程

各国政府发展工业互联网的态度如图 10-5 所示。

图 10-5 各国政府发展工业互联网的态度

（1）美国：政府鼓励+大企业带动。

美国政府虽然没有设立专门的工业互联网推进机构，但许多有政府背景或者联邦财政资助的机构在助力推动工业互联网发展。2014 年 3 月，美国电话电报公司、思科、通用电气、英特尔和国际商用机器公司宣布成立工业互联网联盟（IIC），以大企业来带动更多企业开始采用工业互联网技术，参与成员不断扩展。这标志着工业互联网进入模式应用推广阶段。美国联邦政府资助建立"数字化制造与创新设计研究中心"，启动"数字制造公共平台"作为数字化制造的开源软件平台，鼓励中小创新机构、创业者和创客等开发面向不同制造业领域的软件解决方案。

（2）日本：促进本土企业+全球工厂互联互通。

2015 年日本提出"工业 4.1J"计划（Japan industry 4.1J），将工业智能化从单一企业延伸到产业整体价值链。其架构包括四个部分：一是用工业网关（gateway）进行工厂数据收集；二是用平台进行数据传输与存取；三是对所收集的数据进行分析；四是用专家系统进行数据解读并提供建议。该计划主要工作是将日本分散在世界各地的工厂串联起来，实现集安全管理、资产管理、零件订购管理、远程服务、控制技术支持等于一体的智能工厂环境，利用云端技术监控系统实时观察正常生产情况，实现安全的资产管理、采购管理、远程服务、高级控制技术支持环境，掌握现场控制系统的异常运行情况。

一方面，日本国内企业可以通过"云端"监控系统，实时了解分析海外工厂的生产制造情况，并将本土与海外现场的生产情况进行对比，快速掌握海外现场控制系统的异常运行状态，让本土企业可以迅速为海外工厂提供解决方法；另一方面，利用传感器对分散在各地工厂使用的部件或临近更换期的部件进行数据收集分析，预测部件的更新订购时间，使接受订购的部件厂商可以掌握订单变化趋势信息。

(3)德国:政府主导搭建统一基础平台。

2013 年 4 月,德国联邦政府推出"工业 4.0"计划,德国机械及制造商协会(VD-MA)、德国电气电子行业协会(ZWEI)、德国联邦信息技术、通信和新媒体协会(BITKOM)联合设立的"工业 4.0 平台",成为国家级项目并被列入德国"高技术战略 2020"计划。德国"工业 4.0"计划作为基于工业互联网的智能制造战略,其核心是建立虚拟网络与实体物理融合系统(CPS),实现"智能+网络化",并推动形成纵向集成、端对端集成、横向集成。通过强力推动这三项集成,德国将全面完成企业内(信息化系统及生产设备)、企业间、生态圈的集成与协同,实现灵活、个性化、高效、社会化、智能化生产,从而巩固其在全球制造业中的领先地位。

(4)其他国家和地区:态度积极、竞相参与。

虽然部分工业国家和地区尚未提出明确的工业互联网发展总体战略,但都对工业互联网的产业发展持积极推动态度。例如,自动化生产是工业互联网发展的基础,欧盟经过长期推动,使整个欧洲地区处于全球自动化生产的领先水平,65%的欧盟国家工业机器人数量超过市场平均水平。工业互联网产业链如图 10-6 所示。

图 10-6　工业互联网产业链

三、5G 在工业互联网中的应用

随着 5G 在中国大规模商用的推进、5G 新基建的提出,5G 已经成了中国数字经济转型的关键基础设施之一。5G 的大带宽、低时延、海量连接的特性可以满足工业场景下高速率数据采集、远程控制、数据传输的稳定可靠性、业务连续性等需求。5G 对工业的赋能正推动着工业企业由"制造"向"智造"发展,为工业企业的提质升级、高水平发展注入了强大动力(图 10-7)。

图 10-7　5G 时代

新一代信息通信技术与制造业的融合逐渐从理念普及走向应用推广，制造业智能化、柔性化、服务化、高端化转型发展趋势愈发明显，对高性能、具有灵活组网能力的无线网络需求日益迫切。在工业互联网体系架构中，网络、平台和安全是三个关键要素，其中网络是工业互联网的基础，平台是体系的核心，安全是重要保障，而边缘计算 MEC 既是 5G 网络的锚点，又是工业边缘应用的承载者，在整个工业互联网体系架构中起到不可替代的重要作用（图 10-8）。

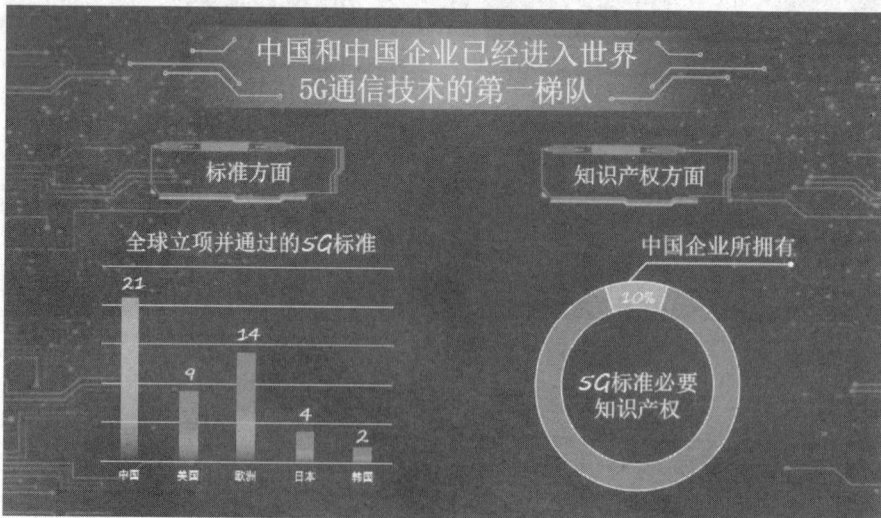

图 10-8　中国 5G 发展

边缘计算 MEC 的出现，成了助力 5G 网络数字化转型和差异化创新应用服务的强力助推技术，MEC 平台是网络与业务融合的桥梁，是应对 5G 大带宽、低时延、本地化垂直行业应用的关键。制造型企业更容易成为边缘计算技术发展的受益者。在工厂内部,很多生产任务都需要利用 IT 系统对生产过程进行全程监测,以便及时发现问题,降低次品率,在规定时间内完成产品交付。引入边缘计算后,工厂可以通过在流水线中部署的边缘设备收集和分析数据,实现对生产过程的全程监测,大幅度缩短时延,促进工厂提质增效(图 10-9)。

图 10-9　5G 时代的到来

　　在中国排名前十的边缘计算应用场景中,两项来自制造领域,即现场工业机器人和柔性制造。主要的 5G 通信技术研究团队如图 10-10 所示。工业互联网中边缘计算可以应用在多个场景,而不同的场景对计算能力需求不同,包括流式数据分析、数据挖掘、智能计算和实

图 10-10　主要的 5G 通信技术研究团队

时控制等。MEC 和 5G 的融合为工业智能化改造提供了充分的想象空间，MEC 可以实现对工业业务数据的本地分流卸载、对业务的近端处理，在满足企业数据不出园区的安全隐私性需求的同时，也进一步降低了业务时延，提升了诸如远程控制、远程协作等业务的体验感。MEC 结合工业 PaaS 能力或 SaaS 应用可以打造面向工业领域的工业边缘云平台，通过工业边缘云平台的部署，可以快速为工业企业提供更多工业边缘应用，同时平台通用工业能力的共享可以降低企业的信息化改造成本，加速中国工业的互联网化转型发展。

在工业互联网标准体系架构中，边缘计算主要关注边缘设备、边缘智能、能力开放等领域，通过和其他技术如标识解析、平台与数据、工业 APP 等的协作，共同为工业互联网的持续快速发展助力。

【工业互联网的现状】

经历了改革开放，在全球一体化中开始占据主动地位的中国工业的实力已经发生了翻天覆地的变化。

工业互联网发展迅速，前景广阔，利用工业互联网发展工业将是我国未来发展的重要趋势。但是从现在工业互联网的应用及技术上看，无论是国内，还是国外，对工业互联网的应用还存在漏洞和薄弱环节。

1. 工业互联网平台整体趋势

国内工业互联网平台数量如图 10-11 所示。

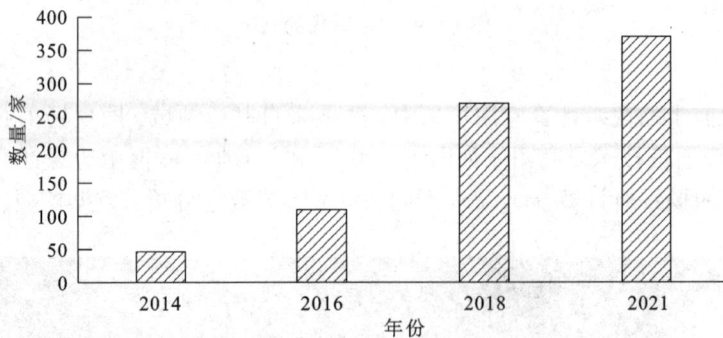

图 10-11 国内工业互联网平台数量

（1）工业互联网大数据中心将朝专业化和智能化迈进，发挥"数聚"效应，成为城市新地标。新冠肺炎疫情初期，工信部依托国家工业互联网大数据中心迅速搭建起"国家重点医疗物资保障平台"，保障防疫物资科学、稳定、高效的调度与供应；稳定抗疫阶段，国家结合电信、工业等多个领域的大数据等，实现对超千万中小企业复产复工的精准监测。我国工业大数据中心的建设正在加速，一方面，相关企业将依托现有大数据中心进行能力扩张，面向工业领域更多地以服务而非租赁的形式提供基础设施和增值服务，以奠定面向未来 B 端市场的竞争优势；另一方面，IDC 企业将围绕成本低廉、能源丰富的工业密集地选址，建设新的工业互联网数据中心，直接进行虚拟化、模块化部署，通过定制化设计迎合工业企业业务需求的变化。由此来看，工业大数据中心的建设将进一步专业化、定制化和智能化，具有更强运维能力的企业将获得更多工业企业的青睐。同时，5G 时代催生了工业领域的海量数据，将推动超大规模工业大数据中心的发展，并朝着大型化、集约化方向迈进，地方大数据中心标志性建筑也将成为城市新地标。

（2）虽然短期内难以实现核心工业软件的国产化替代，但从长期看，头部企业有望率先打破国外禁锢。目前国内工业软件盗版现象普遍，由于成本原因，国产软件主要的受众客户就是中小制造企业，盗版泛滥严重挤压了国内工业软件企业的生存空间；同时，大型工业企业又长期、大量采购正版国外工业软件，受制于软件商业转化周期、工程师使用路径依赖、软件的成熟度易用性，短期内，很难实现核心工业软件的完全国产化替代（图 10-12）。

图 10-12　工业互联网的现状

（3）工业互联网领域难以诞生平台型巨头，各细分行业有望产生若干瞪羚企业和隐形冠军企业。与消费互联网领域不同，工业互联网领域不存在规模效应和网络效应。工业领域不同细分行业的机器设备、工业机理和业务流程完全不同，跨行业、跨领域的技术壁垒较高，难以无限复制通用，因此，工业互联网的建设成本不会随着网络连接数量的提升而不断降低，产业价值也不会跟随网络连接数量的提升而无限提升，这也使得传统消费互联网时代企业以规模为导向、做补贴、强营销的做法不再可行。同时，工业企业在提出需求和决策时的考量因素也更加多样化，与趋于同质化的个人消费者截然不同，大型制造企业资金流较为充裕，不过分关注成本，更注重生产效率的提高、营业收入的增加和数据信息的安全，愿意为高质量的改造效果付费。比如在某些行业中，企业交付速度能否超过其他竞争对手十分关键，因为产品交付速度决定了库存周转周期、回款周期，进而决定了资金利用效率，长远决定了客户满意度与市场占有率。而中小微制造企业常常采用粗犷式发展，税后利润仅能达到3%～5%，对成本投入和收益平衡更加敏感。工业跨行业、跨领域的高壁垒和工业企业个体间的显著差异决定了工业互联网不具备规模效应和网络效应，工业互联网领域不会像消费互联网领域一样出现一家独大的局面，而是会形成少数几家跨行业、跨领域平台与若干专有平

87

台共存的格局。因此，聚焦深扎关键行业，将平台做大、做强、做实，再逐步补齐全链能力，届时即便不能全行业通吃，也能在某一细分领域站稳脚跟。

2. 国际主要工业互联网平台

新一代通信技术的快速崛起，加快了其与制造业的深度融合，对产业布局和经济结构产生了重要影响，世界各国纷纷将工业互联网发展作为国家战略进行部署。本书通过对中国及国际主要的工业互联网平台发展现状的阐述，分析国内工业互联网平台建设存在的障碍并提出针对性建议，完善了工业互联网的相关研究，弥补对技术交易型平台研究的不足，为中国制造业企业探索"互联网+"、实现智能制造和转型升级提供了理论依据和实践参考。

工业互联网平台将工业生产方式转变和升级为数字、网络和智能方向，带来了智能制造、工业数据和其他商业模式，并形成了一个新的价值创造生态系统，称为"制造+服务"。通用电气公司(GE)在2012年基于GE Predix平台提出了工业互联网的概念，该平台以智能设备、智能决策和智能系统为核心，收集大量数据，并进行快速数据交换，通过分析智能大数据，人员和设备的智慧有助于实现生产流程的优化并提高生产效率。Predix向外界开放，并与行业中的其他合作伙伴进行"互操作"，以将各种工业资产设备和供应商彼此连接起来并提供云访问，同时提供资产绩效管理(APM)和运营优化服务。Predix的四个核心功能是连接资产的安全监控、工业数据管理、工业数据分析、云技术应用程序和移动性。

Mind Sphere是德国西门子公司推出的基于云的开放式IoT操作系统，由西门子于2016年4月在汉诺威工业博览会上正式推出。Mind Sphere生态系统包括数据采集开发人员、系统集成商、应用程序开发人员、渠道合作伙伴、设备制造商和最终客户。Mind Sphere合作伙伴包括云基础设施服务提供商、软件开发人员、物联网初创公司、硬件供应商等。Mind Sphere是在属于PaaS(平台即服务)的工业领域中应用云计算技术的应用程序，它向下连接现场设备，并向上提供各种应用程序Mind App。

美国GEPredix工业互联网平台主要面向生产设备企业，而德国西门子Mind Sphere工业互联网平台则以面向企业为主，仅有少数面向用户，两者的运行理念也存在差异。

图 10-13 工业互联网模型

（1）我国工业互联网平台的市场规模（图 10-14）。

图 10-14 我国工业互联网平台建设

2017—2019 年，我国工业互联网增加值规模呈逐年增长态势，2019 年我国工业互联网增加值规模为 3.41 万亿元，同比增长 22.2%。其中工业互联网直接产业增加值规模为 0.92 万亿元，工业互联网渗透产业增加值规模为 2.49 万亿元。2020 年工业互联网增加值规模估计为 3.78 万亿元（图 10-15）。

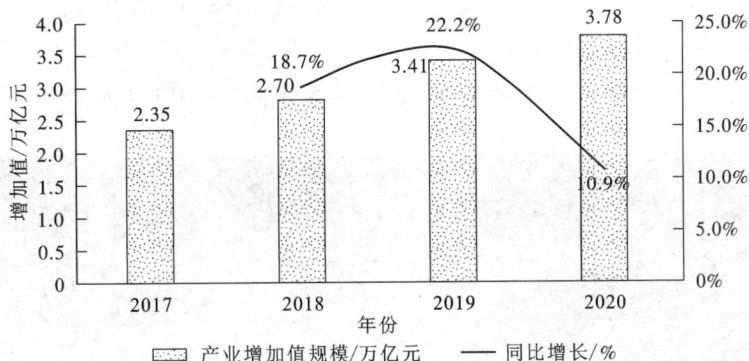

图 10-15 我国工业互联网增长趋势

（2）我国工业互联网平台建设的政策支持。

自 2015 年 5 月起，发展改革委员会、工业和信息化部陆续发布了与制造业和工业互联网相关的政策，工业互联网政策体系逐步完善。在中央政策的推动和各地政府的积极响应下，国内工业互联网的发展取得了长足的进步。上海、广东、深圳、江苏、浙江、重庆、山东、安徽、福建、贵州、陕西、甘肃、湖北、河北、天津等地的工业互联网执行计划、实施计划和项目已经开始。

（3）我国工业互联网的平台架构。

《工业互联网平台白皮书（2017）》阐明了我国工业互联网平台的标准架构（图 10-16），主要包括数据集成和边缘处理技术、IaaS 技术、平台支持技术；分为边缘层、IaaS 层、PaaS 层和应用层四层；有数据管理技术、工业数据建模与分析技术、应用程序开发以及微服务技术和安全技术等七项核心技术。其中，PaaS 层是工业平台的核心，而行业数据建模和分析技术是 PaaS 层的核心。

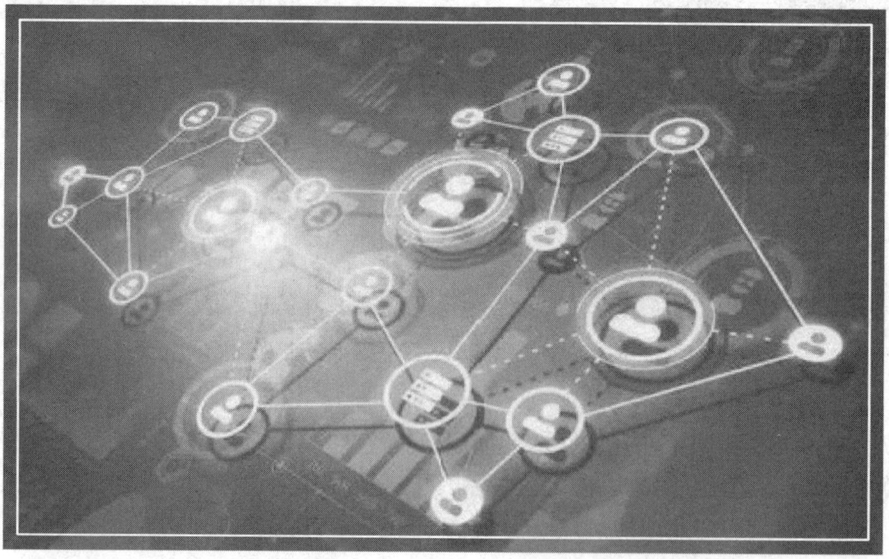

图 10-16　工业互联网平台

（4）我国工业互联网平台的应用路径。

通过对 366 个国内外平台应用案例的分析，发现目前我国工业互联网平台的应用主要集

图 10-17　工业互联网安全与区块链技术的联系

中在三个场景：设备管理服务、生产过程控制和企业运营管理，分别为 38%、28% 和 18%。最初，虽然应用了资源分配优化和产品研发与设计，但整体仍需培育，分别占 13% 和 2%，海外平台应用接近 50%，并且更加注重设备服务。我国平台应用程序和外国平台应用程序之间存在差异，这可能是因为我国的数字化发展水平不同、中小企业众多、工业基础设施有限等造成的。

【工业互联网的问题与建议】

工业控制系统将能够处理大量信息的实时数据，大数据的分析工具将日趋成熟，这些都是工业互联网能够受到广泛关注、拥有良好发展前景的主要原因。同时，工业互联网也面临如下的问题(图 10-18)。

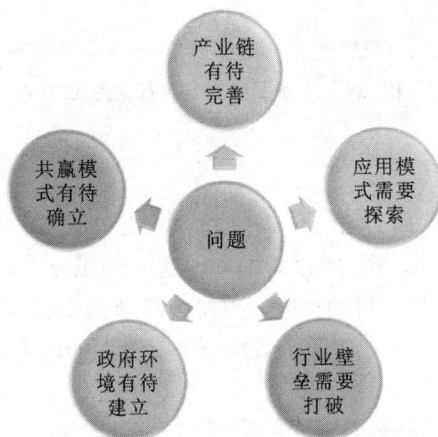

图 10-18　工业互联网存在的主要问题

1. 问题

(1)政策环境有待建立。

以物联网为例，2009 年从中央到地方一系列重要指示的出台使得物联网产业有了良好的宏观政策环境。对于工业互联网，从概念的辨析到发展前景的预测，政府和企业都是摸着石头过河。究竟该怎样进行产业扶持？政策如何细化？政府如何做好产业引导工作？这些都需要时间来研究和探讨，不可能一蹴而就。

(2)行业壁垒需要打破。

工业互联网应用的大部分场景和行业相关。对于某些行业，其自身信息化程度较高，采用行业私有标准的信息采集终端和应用管理平台，行业封闭性强，与外部网络的互联互通性差。而某些行业由于信息保密等原因，不愿开放内部资源，也不愿采用第三方信息系统，无法纳入工业互联网框架。工业互联网需要各行业遵守统一的标准规范，在不涉及行业机密和信息安全的范围内实现有效的互联互通，因此，行业融合是工业互联网发展需要面临的深层次问题，这涉及企业流程改变、设备改造等诸多问题，需要逐一解决。如图 10-18 所示为工业互联网安全应急响应中心。

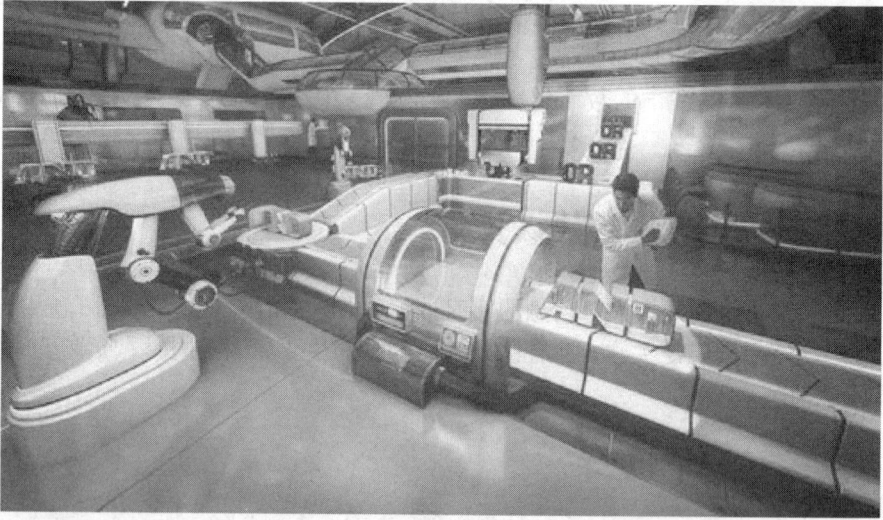

图 10-19　工业互联网安全应急响应中心

（3）产业链有待完善。

物联网产业链包括芯片厂商、软硬件提供商、系统集成商、网络运营商、应用服务提供商和客户等多个环节，那么，以物联网为基础发展起来的工业互联网，是否也包括这些环节？这些环节的界定和分工如何明晰？目前，一些重要的环节尚未发展起来，比如工业互联网的网络设计、工业互联网统一信息平台、工业大数据服务等方面的能力还处于缺位状态（图10-20）。

图 10-20　工业互联网大会

（4）共赢模式有待确立。

如何确立一个使产业链各方满意的盈利模式，实现投入产出的良性循环，彰显规模效应是需要在工业互联产业的运营过程中逐渐明确的。工业互联网目前尚未出现清晰的商业模式，产业链上下游的价值传递和产生机制、产业链上的各环节怎样创造价值以及在市场上体现出该价值及这些价值最终如何得到传统工业界的认同，都有待进一步探索。

（5）应用模式需要探索。

工业互联网将充分利用传感技术和物联网，实现人与机器、机器与机器的连接，那么如何利用云计算实现海量数据的存储，结合大数据进行数据挖掘和分析，使得生产与消费对接，发展出基于互联网的按需制造和定制化生产，仍需不断尝试（图 10-21）。

图 10-21　2020 中国 5G+工业互联网大会

2. 建议

工业革命创造了各种机器、设备、机组和基础设施，互联网革命带来了信息技术的飞速发展，工业互联网汇集了两大革命的成果，必将进一步促进经济发展。工业是我国国民经济的主体，是促进国民经济发展的重要引擎，现正值我国工业转型发展的攻坚时期，如何利用工业互联网为我国经济发展创造新的增长机遇，有以下几点建议（图 10-22）。

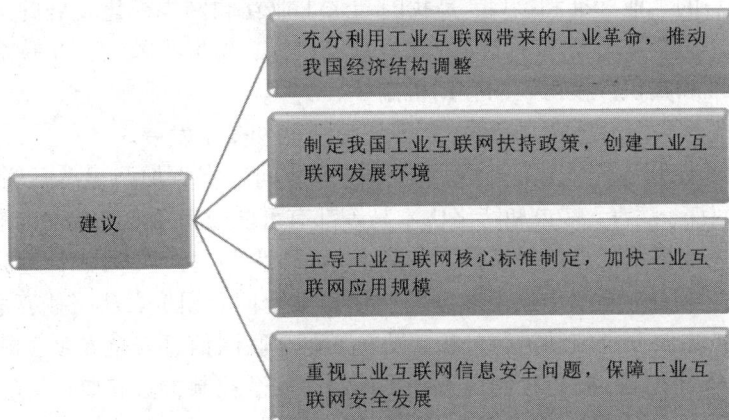

图 10-22　工业互联网发展建议

（1）充分利用工业互联网带来的工业革命，推动我国经济结构调整。

我国曾经依靠人力成本低、资源成本低的优势取得了巨大的工业成就，但如今产能过剩、耗能过大等状况意味着这种粗放型的工业发展模式是不可持续的。《2006—2020 年国家信息化发展战略》《工业转型升级规划（2011—2015 年）》《国务院关于大力推进信息化发展和切实保障信息安全的若干意见》《关于加快推进信息化与工业化深度融合的若干意见》等多个文件的发布，表明我国处于工业转型发展的关键阶段。

在这个背景下，机器、设备组、设施和系统网络组成的工业互联网，如果能在更深的层面将连接能力、大数据分析能力完美结合，并贯穿于设计、生产、流通、消费、分配等各个环节之中，就可大幅提高工业生产的效率、缩短产品的设计和流通周期、增加制造的灵活性、降低生产能耗，必将提高工业发展的质量和效益。不仅如此，工业互联网发展将在创新工业要素配置、生产制造和产业组织方式中带来更多的创新，从大规模生产到定制化生产的模式，将加快工业生产向网络化、智能化、柔性化和服务化转变，从而推进我国制造业和信息业的融合、制造业和服务业的融合。

（2）制定我国工业互联网扶持政策，创建工业互联网发展环境。

工业互联网的发展依靠三项关键技术：一是各种传感器的普及；二是强大的计算与存储能力；三是不断延伸的网络。随着我国基础设施建设的不断投入，中国的航空、电力、铁路、医疗、石油、天然气等重点领域为工业互联网的发展提供了广阔的平台。但是在这些传统行业中，工业化、信息化融合程度不同，对工业互联网关键技术的应用程度不同，而且每个行业对工业互联网的认识不同、对工业互联网的发展预期不同、对充分利用工业互联网改造的准备基础不同，那么在这些关系国计民生的关键领域中，选择哪些行业先期发展工业互联网，如何提前规划和布局才能充分利用工业互联网的优势，以带动传统行业的创新发展，值得进一步思考。

（3）主导工业互联网核心标准制定，加快工业互联网应用规模。

正如互联网标准促进互联网的普及和发展一样，工业互联网的快速发展也需要各企业、各行业的共同参与，制定一个开放的标准，如开放、具有实时能力、安全的工业协议，通俗、统一、易识别的机器表示等。如何调动工业制造商的积极性，在商业利益和行业之间取得平衡，共同制定统一的工业标准和接口，是我国未来工业互联网规模化发展的关键。同时，建议积极参与工业互联网国际标准的制定，做好顶层设计，满足我国工业互联网发展需要，形成技术创新、标准和知识产权协调的互动机制。

（4）重视工业互联网信息安全问题，保障工业互联网安全发展。

比起传统工业控制系统，工业互联网的信息安全问题将更加凸显。互联网上的黑客攻击、数据操纵、间谍、病毒、蠕虫和特洛伊木马等都有可能成为工业互联网的潜在威胁，一旦出现安全问题，工业网络信息的保密性、完整性、可靠性、可控性、可用性遭到破坏，将造成不可估量的损失。因此，建议加强工业互联网信息安全问题研究，从工业互联网基本结构、系统特点、面临的主要安全威胁进行分析，设立工业互联网信息安全专项，提出在工业互联网实际应用中的管理控制、运行控制以及技术控制等安全控制方法和要求，遵循"同步规划、同步建设，同步运行"的原则，保障工业互联网安全发展。

第三部分

走进灯塔工厂

【知识导图】

这个部分将带您走近智能制造的标杆企业,一睹其风采。这些标杆企业分别代表了各自行业的智能制造的典范。

```
三一集团18号工厂                        中集车辆集团
                    ┌─────────┐
                    │ 灯塔工厂 │
                    └─────────┘
海尔集团                                西门子
```

【内容提要】

(1)出色的智能制造企业;
(2)各智能制造平台的优势。

【学习目标】

(1)了解不同灯塔工厂的基本硬件、软件;
(2)熟悉不同灯塔工厂的特点;
(3)了解灯塔工厂使用的最新科技产品;
(4)熟悉灯塔工厂的生产流程。

工业互联网正在风口上。首先，我们来看，未来的工业将会是什么样的？

回顾：工业 1.0，是蒸汽时代；工业 2.0，是电气时代；工业 3.0，是电子信息时代。从此，工业走上了信息化的道路。如今，一场深刻的技术变革正在发生，而我们正处在这场变革的开端。

那么，工业 4.0 或者说第四次工业革命，将会如何？

2012 年，美国出台了《先进制造业国家战略计划》，大力推动以"工业互联网"和"新一代机器人"为特征的智能制造战略布局。

2013 年，德国正式实施以智能制造为主题的"工业 4.0"战略，巩固其制造业领先地位。

2015 年，我国出台了制造强国中长期发展战略规划《中国制造 2025》，全面部署并推进我国制造强国战略实施，坚持创新驱动，智能转型，强化基础，绿色发展，加快我国从制造大国向制造强国转变。

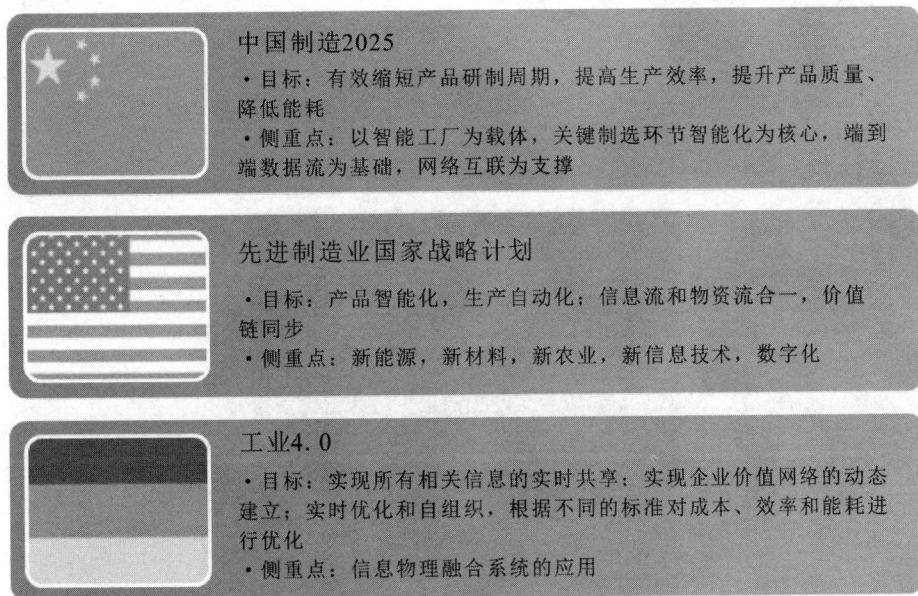

中国制造2025
- 目标：有效缩短产品研制周期，提高生产效率，提升产品质量、降低能耗
- 侧重点：以智能工厂为载体，关键制选环节智能化为核心，端到端数据流为基础，网络互联为支撑

先进制造业国家战略计划
- 目标：产品智能化，生产自动化；信息流和物资流合一，价值链同步
- 侧重点：新能源，新材料，新农业，新信息技术，数字化

工业4.0
- 目标：实现所有相关信息的实时共享；实现企业价值网络的动态建立；实时优化和自组织，根据不同的标准对成本、效率和能耗进行优化
- 侧重点：信息物理融合系统的应用

中美德第四次工业革命时代战略对比

德国提出的工业 4.0 是属于"硬+软"，即制造业+互联网；美国提出的工业 4.0 是把实体制造业不断往国外迁移，依靠强大的信息技术，在虚拟经济领域称霸全球；中国应对的特点是"软硬兼施"。

未来的工业制造将会越来越数字化、网络化、自动化和智能化，这已经成为共识。而数字化转型可高度凝练为四句话：一切业务数据化，一切数据业务化，一切产业数字化，一切数字产业化。工业企业要数字化、智能化转型，就必须发展工业互联网！

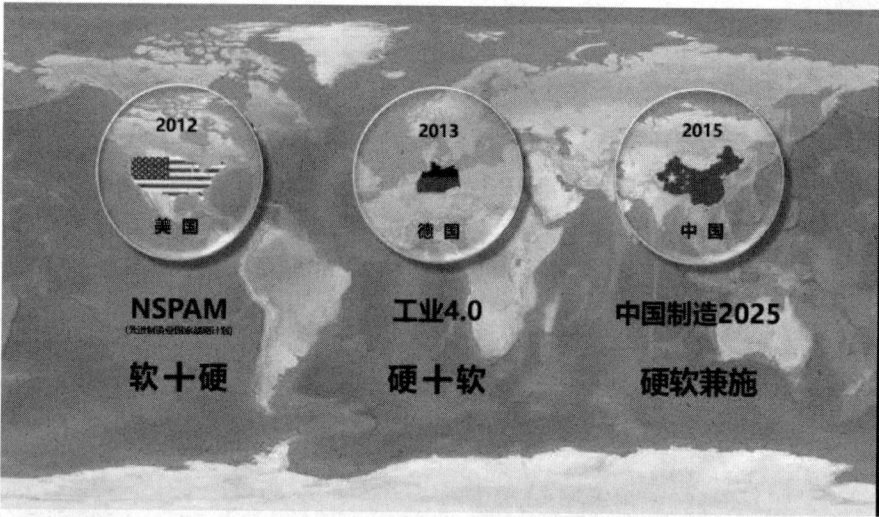

中美德工业 4.0 特点

工业互联网

第 11 章
三一集团灯塔工厂——"数字创新，智胜未来"

　　三一集团(以下简称三一)主业是以工程为主题的装备制造业，主导产品为混凝土机械、挖掘机械、起重机械、筑路机械、桩工机械、风电设备、港口机械等全系列产品。三一抓住机遇，加速数字化的转型，将核心业务全部转移线上，并在行业率先启动 20 余座灯塔工厂的建设，全面引入了三现数据集控等新生产方式，成为引领行业智能制造的"新灯塔"。美国知名媒体《华尔街日报》报道，三一 18 号工厂(建设中)"藏有中国工业未来的蓝图"。本章详细介绍了三一集团打造灯塔工厂的部分过程和内容，揭开灯塔工厂的神秘面纱(图 11-1)。

图 11-1　三一集团灯塔工厂

📖 【缘起】

或许谁都未曾想到，有着"中国经济晴雨表"美誉的三一挖掘机指数，最初竟产生于一个淳朴至极的小诉求。这个初衷很简单，就是防止极少部分客户恶意欠款。为保证能顺利收回车款，三一在每一台挖掘机上装配了一个小小的传感器，通过传感器，三一可以全面掌握这台设备的运行工况、路径等，以此判断机主是否恶意欠款、是否进行"锁机"操作。在这个过程中，每天都有大量的数据从施工一线回传。年复一年，三一很快就形成了5000多个维度，每天2亿条，超过40TB的大数据资源库，数量惊人。2014年，三一重工总裁向文波受到波罗的海干散货指数启发，提出了挖掘机指数(图11-2)。

图 11-2　三一挖掘机指数显示屏

如今，伴随着三一挖掘机的市占率超过全国市场的三成，挖掘机指数的样本量也足以描绘市场全貌，海量的挖掘机应用场景和开工率等来自一线的真实情况，编织成一张庞大的数据网络。聚沙成塔、集腋成裘，这些珍贵的数据从无数一线施工的工人手中汩汩流淌，流动到三一重工，成为企业经营、转型的依据后，再成为把脉宏观经济动向的参考。

一生二、二生三、三生万物。一个小小的传感器"黑匣子"，就像一个价值宝盒，生长出无限可能性，不仅为三一经营企业创造了价值，也为宏观经济把脉创造了价值。在三一集团看来，必不可少的，是如何为客户创造更多的价值。

2018年，全国人大代表、三一集团董事长梁稳根在全国两会上坚定表示，面对工程机械和制造业数字化，三一集团要么"翻船"要么"翻身"。2019年6月，三一集团投资近100亿元，引入三现数据集控、柔性生产岛等新型生产方式，在集团内同时启动20多个灯塔工厂等智能单位的建设，推动互联网、大数据、人工智能和制造业深度融合。

近年来，三一以发展智能制造为新时代的新使命，在积极探索自身数字化转型的同时，发展工业互联网平台——根云 ROOTCLOUD 平台，提供从工业设备连接，到数据管理分析，再到工业应用的端到端服务，帮助中小企业实现智能制造(图 11-3)。

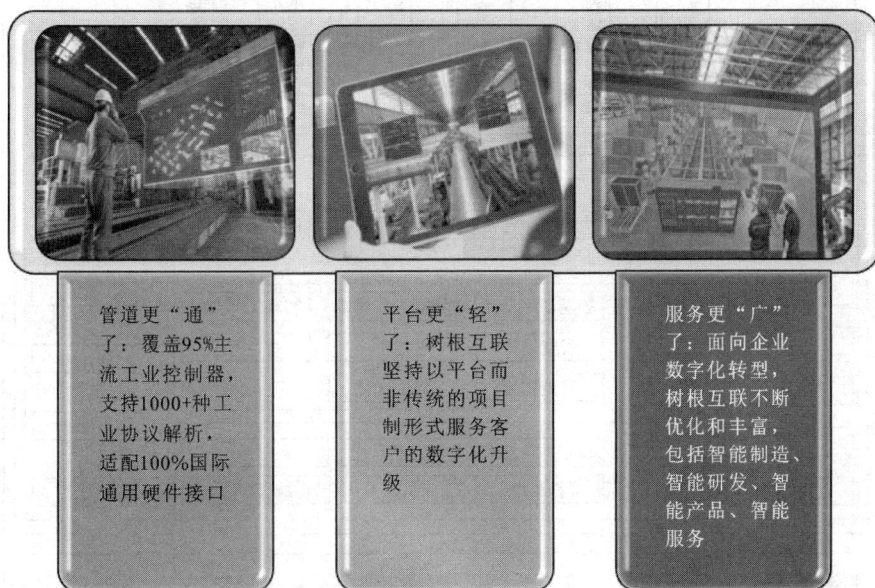

管道更"通"了：覆盖95%主流工业控制器，支持1000+种工业协议解析，适配100%国际通用硬件接口

平台更"轻"了：树根互联坚持以平台而非传统的项目制形式服务客户的数字化升级

服务更"广"了：面向企业数字化转型，树根互联不断优化和丰富，包括智能制造、智能研发、智能产品、智能服务

图 11-3　根云 ROOTCLOUD 平台优点

如今，已有数十家灯塔工厂在三一实现投产，18 号工厂更是成为行业首家实现达产稳产的灯塔工厂，大挖、中挖、小挖灯塔工厂升级改造均已完成。走进临港，三一在这里有一座 25 万平米的挖掘机超级工厂，每月能生产4000辆中型挖掘机，是全球目前工艺最全、自动化程度最高的挖掘机生产基地。

人工智能、大数据等信息技术的发展有着颠覆性力量，传统产业将经历重来成为可能。"当大家认为三一是一家软件公司时，我们就转型成功了"，向文波说。三一作为一家传制造企业，危机意识强烈，正在加速推动数字化转型。拥有 30000 名工程师、3000 名产业工人，实现 3000 亿元销售额，是三一未来五年的目标。

✏️【做什么】

智能制造的关键是实现贯穿企业设备层、单元层、车间层、工厂层、协同层不同层面的纵向集成，跨资源要素、互联互通、融合共享、系统集成和新兴业态不同级别的横向集成，以及覆盖设计、生产、物流、销售、服务的端到端集成(图 11-4)。

2019 年，三一加速智能化、数字化转型，将核心业务全部转移线上，并在行业率先启动 10 座灯塔工厂建设，全面引入了三现数据集控、柔性生产岛等新生产方式(图 11-5)。其中，三一 18 号智能车间经改造后，生产效率提升 50%，成为引领行业智能制造的"新灯塔"。

下面将带你进入三一重工 18 号厂房——行业领先的灯塔工厂、中国最聪明的工厂、亚洲最大的智能制造车间，领略一下它的风采。

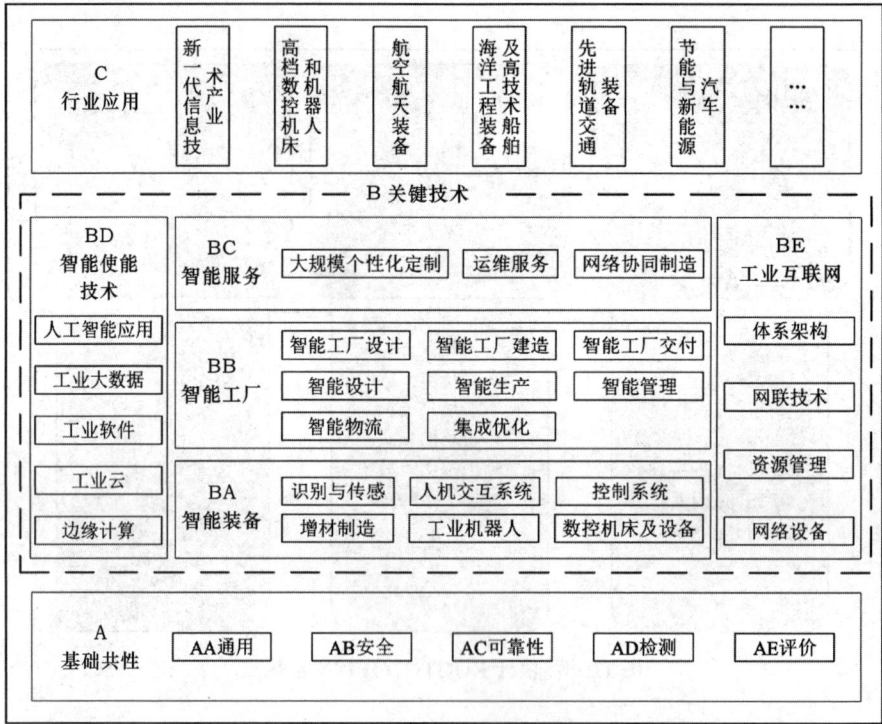

图 11-4　智能制造体系架构

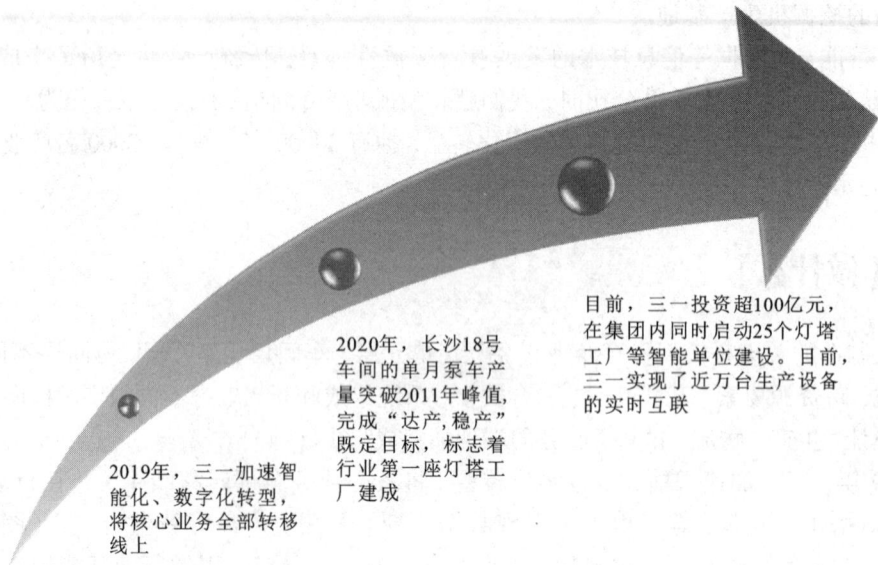

图 11-5　三一加速"数字化"进程

无人化下料

智能天车将泵车制造所需钢板自动吊入作业台，用智能调度双枪三工位高速等离子切割机进行切割，快速、自动化的上/下料系统减少了人工处理板材，并增加了机床的生产能力和效率。从卸料到下一张板材的上料之间只需几十秒，世界泵王从这里起步进入市场。如图11-6所示，为无人化下料的过程。

智能天车将钢板
自动吊入作业台

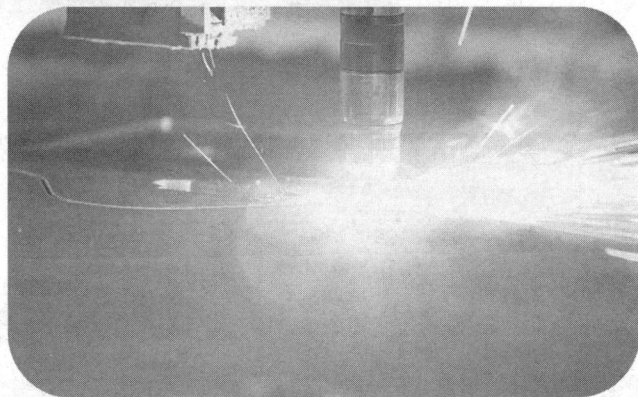

等离子切割机
进行切割

图11-6　无人化下料

智能化分拣

如图11-7所示，为机械手和智能分拣装备分工协作，完成大、中、小件的智能分拣、自动清渣、激光打码、码放装框等有序作业，确保各部位钢板各归其位，智能分拣系统通常具有分拣效率高、分拣差错率低和基本无人化的特点。

自动化组焊

如图11-8所示，为焊接机器人搭载视觉信息系统、自动光线补偿、识别零件形态和定位零件位置的自动化组焊。自主焊接精度达到±0.5 mm，一双双锐利"慧眼"确保钢板焊接不差分毫。

图 11-7 智能化分拣

图 11-8 自动化组焊

无人化机加

无人化机加利用数字检测、IOT、数字孪生等尖端技术消除瓶颈工序。从钢板被送入，到加工完成被送出，全程无人、全程黑灯，钢板"毛坯"变成"精装修"（图 11-9）。

无人化数控加工能够在物料切割过程中切割迅速且切割效果更好

图 11-9　无人化机加

智能化涂装

如图 11-10 所示，展示了智能化涂装平台自动识别钢板形态、指导抛丸机开展表面清理等作业。智能化涂装能自主适配喷涂程序，智能喷涂温湿度、能耗全程自动调节，既节能又高效。

图 11-10　智能化涂装

装配下线

装配下线可根据客户个性化定制需求配备智能平衡吊、数字扭矩扳手及智能加注系统等，大幅降低作业强度，提升装配效率(图11-11)。

图 11-11 装配下线

智能化调试

智能化调试过程能实时在线监控、调试数据云端存储、调试故障实时记录预警、调试质量在线评分，整机合格出厂。世界泵王从这里出厂走向世界(图11-12)。

图 11-12 调试装车

在三一国际矿车灯塔工厂建设现场，给人最大的感受就是人少、自动和智能。生产中，智能天车将矿车货箱所需底板、前门、帽檐及左右侧板等物料自动吊入作业台，AGV 智能物流调度机器人对物料自主按需配送，机器人焊接手臂自动化组焊，全自动装配系统自动装配。与传统制造工厂不同，灯塔工厂操作工人很少，包括涂装喷漆、产品下线前的调式，都可以自动完成，让人叹为观止。

⊠ 【怎么做】

智能制造，就是继自动化制造之后更进一步的制造业形态，其核心是数字化、网络化、智能化。想了解智能制造的官方解释，不妨先回顾一下各国基于自身国情提出的智能制造战略（图 11-13）。

图 11-13　各国智能制造战略

18 号厂房，是灯塔工厂先驱行业内第一个满产的灯塔工厂，也是工信部工程机械数字化车间样本。18 号厂房是行业内第一个灯塔工厂，于 2008 年筹建，2012 年投产，起初只是为了扩大产能满足市场需求。2019 年，公司在数字化战略的布局下将 18 号厂房改造升级为灯塔工厂，进行全方位的数字化、智能化升级。2020 年 9 月，18 号厂房产出泵车达历史峰值，18 号厂房正式达产、满产，成为行业内首个建成达产的灯塔工厂。以生产混凝土机械为主，18 号厂房实现了高度自动化生产。厂房内应用了大量智能机器人，生产流程从无人化下料、智能化分拣、自动化组焊，全程做到无人化、自动化、智能化，整体效率提升 50%。

5G 作为数字化转型和智能制造的基础设施，如图 11-14 所示，三一重工以 5G 为重要抓手，已经做了诸多探索并打造了系列 5G 示范应用。

三一重工已经成功实施基于 5G 的一些前期示范的应用场景，比如，基于 5G 的智慧物流云化 AGV、基于 5G 的三现视频数据 AI 智能应用、基于 5G 的数字化工位管理、基于 5G+工业互联网的虚实结合等。三一重工将持续加大数字化转型的研发投入力度，积极探索在 5G "新基建" 的趋势下，实现装备、物料和人员的物联，也包括 C 端智能产品的物联，并融合边

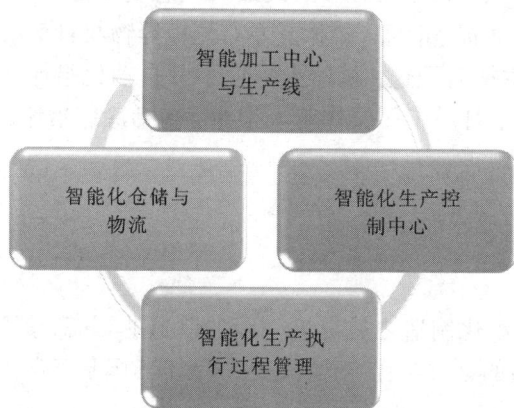

图 11-14 智能化模块

缘计算、云计算，实现协同生产，满足客户及供应链个性化及定制化需求。

同时，三一集团孵化了工业互联网赋能平台——树根互联。在长达10年的技术积累和超过15亿元的累计投入下，经过一年多的发展，树根互联已经普适了中国企业的需求，具备了低门槛、小成本、高价值、好合作的特征。根云(rootcloud)平台能够为各行业企业提供基于物联网、大数据的云服务，面向机器制造商、金融机构、业主、使用者、售后服务商、政府监管部门提供应用服务，同时对接各类行业软件、硬件、通信商，开展深度合作、形成生态效应。该平台实现了各工业细分行业的赋能、创新和转型。除了母公司三一重工所在的工程机械行业，平台还能为跨行业高价值设备提供基于物联网、大数据的云服务。目前，根云平台已面向农业机械、节能环保、特种车辆、保险、租赁、纺织缝纫、新能源、食品加工等多行业展开深度合作，形成了工业物联网生态效应(图11-15)。

图 11-15 三一推进工业互联网建设

🔡【做得怎么样】

如图 11-16 所示，三一重工通过数字化赋能全方位提升了产品、渠道、服务等方面的核心竞争力。从生产端看，数字化解决了离散型制造的痛点问题，能够实现"产品混装+流水线"的高度柔性生产，大幅提质、增效、降本，18 号灯塔工厂改造后的主要产品泵车的下线时间缩短 98%，公司人均营收 2019 年达 410 万元，较 2010 年翻 4 倍，且首次超过全球龙头卡特彼勒（363 万元），人工成本占比从 2013 年的 8.71% 降至 2019 年的 5.11%。

图 11-16　三一集团数字化、国际化成果

截至 2020 年，三一混凝土机械、挖掘机械、大吨位起重机械等 11 类产品国内市场占有率稳居第一。其中，挖掘机全球总销量累计突破 33 万台，已成为行业最畅销的品牌。同时，三一在电动化、智能化等"两化"新领域成果不断，引领行业"新赛道"，率先布局氢燃料产

品，成立电动、智能研究部门，集中推出电动搅拌车、电动挖掘机、电动自卸车、自动化场桥、电动集卡等产品，并实现了电机、电驱、电池等三大核心件的自主开发。在国际化产品方面，各事业部相继成立国际研究院，为国际化业务发展打下了坚实基础。

截至 2020 年，公司实现营业总收入 1000.54 亿元，同比增长 31.25%；营业收入 993.42 亿元，同比增长 31.29%，三一挖掘机械销售收入 375.28 亿元，同比增长 35.85%，国内市场连续 10 年蝉联销量冠军，大、中、小型全系列挖掘机市场份额均大幅提升，挖掘机产量超 9 万台，居全球第一，如图 11-17 所示，为三一集团数字化带来的销售成果；通过大力推进灯塔工厂建设、"流程四化"、工业软件运用、数据管理和应用、产品电动化和智能化，公司数字化转型取得积极成果。公司将研发投入视为最有效的投资，从政策上鼓励各产品事业部持续加大研发投入。2020 年，公司研发投入 62.59 亿元，增长 15.60 亿元，增长 33.20%，占营业收入比例达 6.30%，极大地提升了公司产品竞争力。

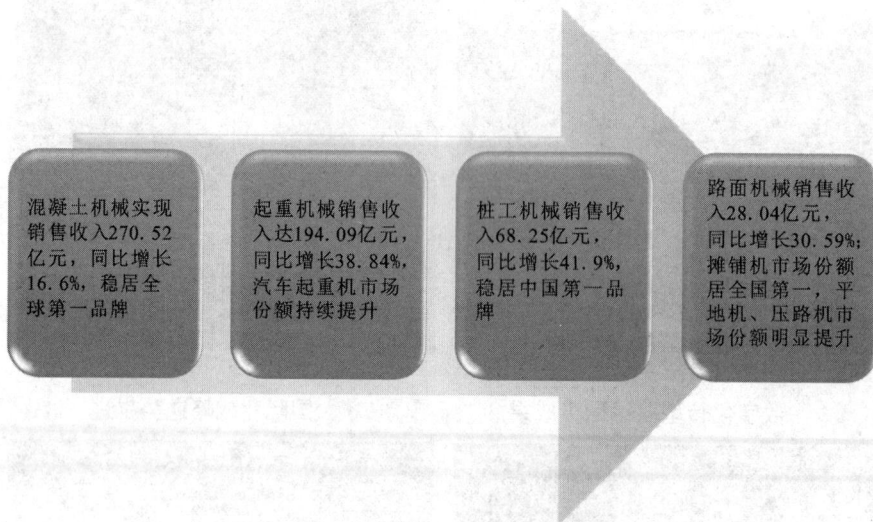

图 11-17　三一集团数字化带来的销售成果

三一重工 2016 年前瞻布局工业互联网，体外孵化树根互联，将设备互联模式复制到制造业等其他行业，打造了中国的通用工业互联网平台，当前已接入 72 万台工业设备，连接 6000 多亿资产，赋能 81 个细分行业，有望打造出中国制造业的通用工业互联网平台。同时，为大力推动机器互联与三现数据，三一 18 个国内产业园、60 多个车间、8200 多台机器设备、14800 多名技术工人、十几万种物料，全部通过平台实现在线物联。三一根云平台收集了 60 万台工程机械设备运营参数，形成了业内著名的"挖掘机指数"，被誉为"中国经济晴雨表"。

【问题】

(1)三一集团在工业 4.0 中能取得这种成绩的原因是什么？

(2)三一集团在数字化过程中应用了哪些技术？

第 12 章
海尔集团灯塔工厂——"源自实践，生态物联"

　　海尔集团创立于 1984 年，是全球领先的美好生活解决方案服务商。海尔始终以用户体验为中心，连续 2 年作为全球唯一物联网生态品牌蝉联 BrandZ™ 全球百强，连续 12 年稳居欧睿国际世界家电第一品牌，旗下子公司海尔智家位列《财富》世界 500 强。海尔集团致力于携手全球一流生态合作方持续建设高端品牌、场景品牌与生态品牌，构建衣食住行康养医教等物联网生态圈，为全球用户定制个性化的智慧生活。海尔从 2012 年开始规划建设互联工厂，大步向智能制造探路，目前成功搭建中国独创、全球引领的工业互联网平台 COSMOPlat（图 12-1），其智能制造的实践进入第五个年头。本章将详细介绍海尔是如何用搭建 COSMOPlat 的经验助力中国制造，并实现全球引领。

图 12-1　海尔集团智能制造平台赋能

工业之于德国，无疑是极为骄傲的存在。而工业 4.0 这个概念最早就出现在德国，于 2013 年的汉诺威工业展上正式提出，其核心目的是提高德国工业的竞争力，在新一轮工业革命中占领先机。

2017 年，全球各国紧锣密鼓地布局工业互联网，作为具有中国自主知识产权，同时也是全球首家引入用户全流程参与的大规模定制平台，卡奥斯在诞生的同年来到了德国汉诺威，其大规模定制方案一鸣惊人。汉诺威官网直言，海尔·卡奥斯是"对工业 4.0 最有威胁的两家公司之一"。或许正因如此，当 2017 年海尔卡奥斯工业互联网平台首次亮相汉诺威时，德国的第一反应是感受到"威胁"。

在接下来的两年时间里，卡奥斯继续出现在汉诺威工业展上，只是以德国为代表的西方工业对卡奥斯的态度却迎来了巨大"反转"。

2018 年，卡奥斯平台向世界展示出基于人工智能技术的智能制造示范线，被工业 4.0 之父、德国工程院院长孔翰宁称赞："海尔卡奥斯 COSMOPlat 是中国最好的平台，欢迎到德国帮助企业转型。"至此，曾视海尔为威胁的德国工业 4.0，逐渐伸出了信任之手。

2019 年，卡奥斯在汉诺威发布了智能+5G 大规模定制验证平台，实现用户信息、数字化产品与技术场景应用的全面连接，展示了世界级工业互联网智能制造解决方案，受到凯姆尼茨大学教授穆勒的高度评价，他认为卡奥斯是现有工业互联网平台中唯一物联网概念已经进入实操阶段并且取得成果的平台。

如图 12-2 所示，为海尔集团工业化发展历程。经过两年的互动与发展，德国等欧美国家已经被卡奥斯这种中国特色的工业互联网"征服"，考虑更多的不再是竞争，而是希望通过学习、使用来获得自身更长远的发展，而卡奥斯也的确用独有的场景生态引领着数字化转型。

✏️【做什么】

卡奥斯是在海尔"人单合一"模式指引下产生的不断孕育新物种的生态品牌平台，如图 12-3 所示，该平台旨在为混沌中寻求新生的企业提供转型升级解决方案，联合各方资源缔造共创共享、面向未来的物联网新生态。

用户全流程参与体验的工业互联网平台，打造模块化、云化形成交互定制、开放创新、精准营销、模块采购、智能制造、智慧物流和智慧服务 7 大模块系列产品矩阵，如图 12-4 所示，实践大规模定制模式，并持续为企业赋能。

卡奥斯已经孕育出化工、农业、应急物资、能源、石材、模具、装备等 15 个行业生态，在全国建立了 7 大中心，包括山东半岛经济带中心、长三角一体化中心、京津冀中心、粤港澳大湾区中心、长江中游经济带中心、川渝经济带中心、关中平原经济带中心，覆盖全国 12 大区域，并在 20 个国家复制推广。

2020年

2020 年 12 月，卡奥斯 COSMOPlat 荣膺中国工业大奖，成为工业互联网领域唯一入选的平台。

2019年

2019 年 1 月，海尔入选中科院《互联网周刊》，是2018最具创新与潜力的智能制造企业TOP50首位。

2018年

2018 年 9 月，COSMOPlat 入选赛迪智库与通信产业网联合发布的中国工业互联网 50 佳榜首。

2017年

2017 年 4 月，COSMOPlat 代表中国制造在德国汉诺威展展示，得到全球广泛认可。

2016年

2016 年 7 月，海尔互联工厂模式写入国家《制造强国研究》，行业唯一。

2015年

2015 年 7 月，海尔互联工厂被确定为国家工信部2015年智能制造试点综合示范项目，是白色家电领域唯一。

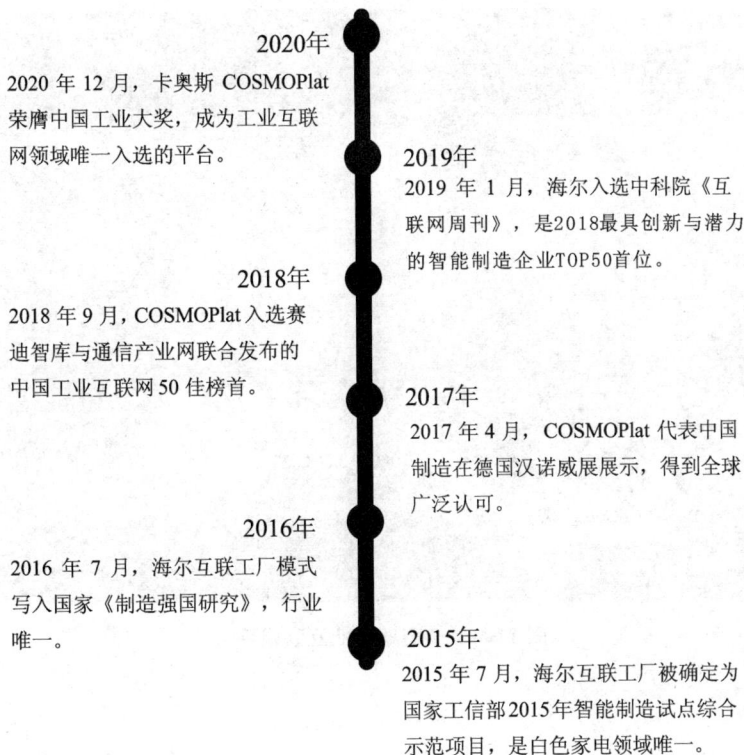

图 12-2　海尔集团工业化发展历程

图 12-3　卡奥斯"人单合一"模式

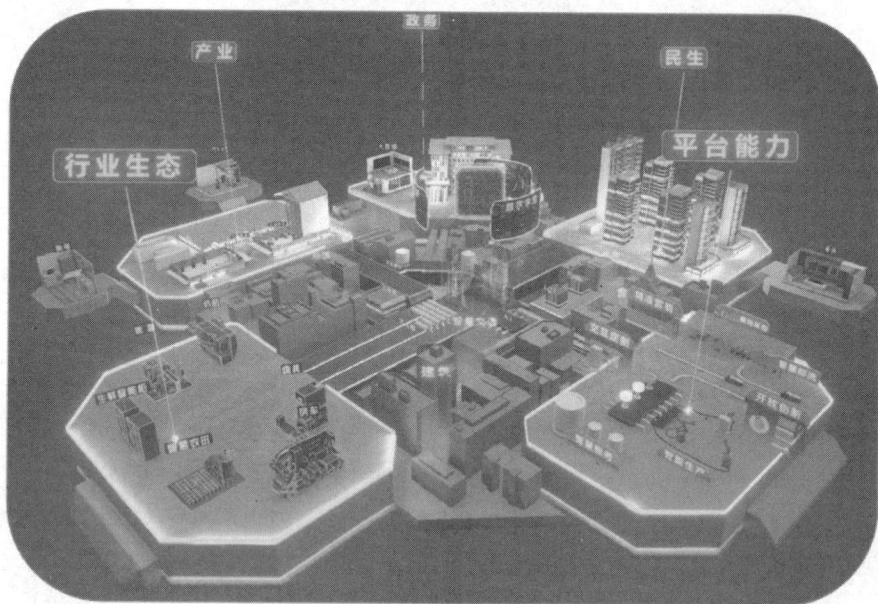

图 12-4　卡奥斯工业互联网平台

≫【怎么做】

"所有的企业都应该尽快转型，要么成为工业互联网的一个节点，要么出局"，海尔集团董事局主席、首席执行官张瑞敏在工业互联网专题报告会上分享海尔的创新实践说。

基业长青，源于不断挑战自我、引领进来

海尔的历史中，从不缺乏化危为机的例子，甚至海尔的诞生，就是一场化危为机的变革。

时间回到 1984 年 12 月 26 日，张瑞敏带领新的领导班子来到位于小白干路上的海尔前身——青岛电冰箱总厂。当时的冰箱厂产品滞销、人心涣散，亏空 147 万元，一年中连换三任厂长，整个车间连一块完整的玻璃都没有。眼看年关将至，张瑞敏只好到农村大队借钱，每人发了 5 斤带鱼作年货，才让全厂工人凑合着过个年。

1985 年，领导班子大刀阔斧开始改革，提出"四个当年"的目标：当年上项目、当年安装设备、当年试生产、当年扭亏为盈。也是在这一年，发生了一件影响深远的事。

一位用户给厂长张瑞敏写了一封质量投诉信，张瑞敏了解情况后，当机立断——砸！有人建议，为避免浪费，可将残次品作为福利低价处理给本厂员工，但他不为所动，坚持认为"不合格的产品就是废品"。砸冰箱现场如图 12-5 所示，不少人心疼得直掉泪。这一砸，彻底唤醒了海尔人"零缺陷"的质量意识。作为历史见证，那个砸毁了 76 台不合格冰箱的大铁锤后来被中国国家博物馆收藏。

创业仅仅四年，海尔就拿到了国家质量奖，在国内异常火爆，得凭票供应，一张海尔冰箱票甚至被炒到上千元。但海尔并不满足于此，而是将目光投向了更为广阔的海外市场。这

114

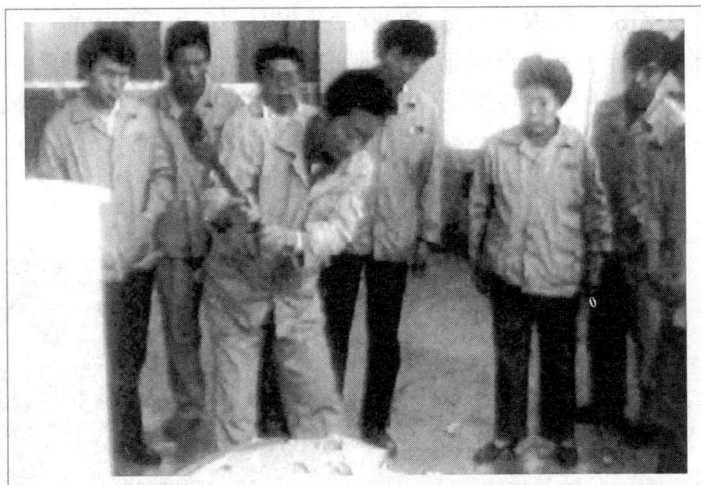

图 12-5　砸毁 76 台不合格电冰箱的场景

令很多人不理解，有人还说起了风凉话，"国内市场需求这么大，海尔却去开拓国际市场，成本高、风险大，不在国内吃肉，却到国外去啃骨头、喝汤"。

1999 年 4 月 30 日，海尔在美国南卡罗来纳州中部投资 3000 万美元建立了第一个生产中心（图 12-6），紧接着欧洲海尔、中东海尔、美国海尔等海外分部先后揭牌，海尔的营销网络日益壮大。

图 12-6　美国海尔奠基现场

2003 年 8 月 20 日，日本东京银座广场四丁目七宝楼楼顶亮起了海尔霓虹灯广告，这是中国企业在东京银座竖起的第一个广告牌；2004 年 3 月 3 日，首批标有海尔品牌标志的 5500

台笔记本和台式电脑，登陆法国市场；2004 年 7 月 1 日，在与海尔美国总部大楼仅隔三个街区的曼哈顿广场，美国消费者大排长龙，7000 台海尔空调 7 小时内销售一空……

走国际化道路，无异于一次再创业。有研究表明，在国外创立一个品牌，需持续投入 8 到 9 年方可盈利，海尔也是如此。在海外创牌要做到渠道、品牌、营销、研发的全方位投入，甚至可能在一段时间内影响海尔的盈利能力，但海尔认为值得，图 12-7 展示了海尔在海外市场拓展的经历。

美国海尔大厦外景

本东京银座广场亮起了海尔霓虹灯广告

美国消费者排长队购买海尔空调

海尔并购意大利一家冰箱厂的签字仪式现场

图 12-7　海尔在海外市场的拓展

2019 年，世界权威市场调查机构欧睿国际公布，中国白色家电制造量占全球 56%，但中国品牌在海外市场占有率仅为 8.9%。两个数字的差距意味着，中国在海外白电领域仍以代工为主，自主品牌较少。然而，就在这 8.9% 的自主品牌中，每十台就有七台出自海尔，背后则是其连续 11 年蝉联全球第一白电品牌的底气。

在新一轮工业革命赛道上，中国工业互联网起步早、起点高，应用场景丰富，具有基础性优势，海尔集团董事局副主席、总裁周云杰据此认为，中国首次与美国、德国、日本等主流工业大国站在同一起跑线上，具备"换道超车"的可能。

从大规模生产到大规模定制

从青岛市区出发，越过胶州湾跨海大桥，不到 20 分钟车程，就抵达了位于黄岛区中德工业园的海尔中央空调互联工厂。

2018 年 9 月，海尔中央空调互联工厂从千余家工厂中脱颖而出，被达沃斯世界经济论坛评为全球首批 9 家灯塔工厂之一，我国独此一家。如同海上灯塔为水手领航，灯塔工厂提供的先进经验也将成为制造行业的指路明灯。

眼前这座工厂，集装箱式建筑、白色外墙、深色方窗，外观与普通厂房并无二致，内部却别有洞天。走进生产车间，只见两个挥动着橙色机械臂的机器人正在生产线上有条不紊地进行胀接作业。

"一台中央空调就需要胀接 1000 多个铜管，过去，工人得抱着一米长、十几公斤重的胀管枪，来回移动打胀管，还要一个个手工检漏，工作服从来没干过"，工厂负责人杨伟欣告诉记者。如今，通过物联网设备互联、AR 协作、AI 检测等技术，机器人可以自动定位胀接部位、自动位移、自动替换合适胀头并通过压力传感器等将铜管胀开，既解放人力，又提高效率、降低失误率 (图 12-8)。

图 12-8　卡奥斯自动化检测平台

不仅是自动胀接，在互联工厂，几乎每台机器都被赋予了"智慧大脑"：大型装备的自动化率高达 70% 以上，工厂部署了数万个传感器，联网变身"网器"后产生海量实时数据，以此支撑柔性智能生产系统有序运转。

机器智能只是基础，生产设备与环节互联、厂家与用户互通才是工业互联网时代智能制造的关键基因。

库存积压是令不少制造业企业头疼的难题，而在互联工厂，生产线上的一台台中央空调早在"诞生"前就有了"主人"，产品不入库率几乎达到 100%。在海尔现有 15 大互联工厂中，平均产品不入库率也高达 75%。

产品定制规格选择、开始定制、订单确认……在大屏幕上，可以实时查看，来自世界各地的订单不断滚动更新，而每一笔订单都按用户所需而定 (图 12-9)。

大规模生产是现代工厂的重要特征之一，而定制生产曾被视作个性化的小众需求，需要更多投入，难以实现量产。既满足用户个性化偏好，又实现高效生产，从大规模生产到大规

图 12-9　用户全流程参与的工业互联网平台

模定制，海尔如何完成转型？秘诀在于，以用户需求驱动生产，把用户需求、用户体验作为推动产品迭代升级的最大驱动力。

在互联工厂，所有要素都与用户互联。为支撑大规模个性化定制，工厂内的压力容器、磁悬浮等 8 条智能化柔性总装线随时待命，依托设备间的互联，工厂可以对用户定制需求参数实时做出响应，生产十余类中央空调产品，年产能超过 30 万台，单位面积产出是行业平均水平的两倍。

漫步互联工厂，到处都是"屏幕"。大规模定制平台、智能云服务平台、节能云服务平台、现场操作平台……抽象的工业互联网平台卡奥斯，用一个个界面呈现不同生产要素之间如何互联互通、创造价值。

用户资源直接与产线资源实时连接

这是一个至今仍被卡奥斯内部津津乐道的故事。"能不能设计一款冰箱，冷藏室干湿分储，既能不风干又能不回潮，冷冻室空间还要大，保鲜也要加强，总之要满足全家的需求。"一位用户基于生活体验提出的创意，很快得到了卡奥斯的回应。

先有创意，再有产品，让世界成为自己的研发部，这就是卡奥斯的运行逻辑。依靠 510 万名用户参与社群交互，全球多家供应商提供解决方案，整个方案迭代了 56 次才定型，后续是否量产，还是由用户决定。

一般来说，新产品研发最快要 180 天左右才能上市，这款全空间保鲜冰箱却在 45 天后就顺利上市，当天销量就冲到了 20 多万台。

"海尔在智能制造的探索过程中，走过一些弯路，希望把这些经验教训提炼出来，通过搭建平台赋能中小企业转型升级，让他们少试错"，谈及平台搭建初衷，卡奥斯青岛区域总经理官祥臻这样说。

2017 年，海尔整合内部原有的交互定制、开放创新、精准营销、模块采购、智能生产、智慧物流、智慧服务等平台，打造工业互联网平台。卡奥斯一词，意为希腊神话中的混沌之神，寓意在物联网时代不断孕育新物种，缔造共创共享、面向未来的物联网新生态。图 12-10 简要地概述了卡奥斯智能制造平台方案架构。

图 12-10 海尔卡奥斯智能制造平台方案架构

起步阶段，海尔就明确卡奥斯要做的，绝不是简单的机器换人、设备连接、交易撮合，而是开放的多边交互共创共享平台，可跨行业、跨领域、跨文化复制，具有全球普适性的工业互联网平台。

业内研究者认为，卡奥斯是以用户驱动的全流程、全要素、全价值链的工业互联网平台。它代表一种全新的生产主张，用户资源直接与产线资源实时连接，"实现高精度下的高效率"。在官祥臻看来，这是卡奥斯的最大亮点。她进一步解释，卡奥斯已超越了智能制造、工厂设备改造这个层次，而是涉及产品的全生命周期，"如果只有高效率没有市场需求，生产得越多就会浪费得越多。因此，一方面平台要能精准抓取用户需求，另一方面工厂端要用柔性、数字化、智能化手段快速响应应用户需求"。

业内有一种说法："一类企业做标准，二类企业做品牌，三类企业做产品。"要创品牌强国，自主创新必不可缺，尤其是自己的专利和标准。海尔承接国家标准战略，由卡奥斯先后主导和参与了 31 项国家标准、6 项国际标准的制定，覆盖大规模定制、智能制造、智能工厂、智能生产、工业大数据、工业互联网 6 大领域，成为全球公认的大规模定制领域标准的制定者和主导者。

"卡奥斯之所以能够成功，得益于海尔'人单合一'的管理模式，其本质就是员工与用户的价值合一"，海尔卡奥斯物联生态科技有限公司董事长陈录城表示。基于"人单合一"模式，海尔构建双创机制，孵化出 15 个生态链群，聚焦各领域的转型升级目标，并搭建起相应的行业子平台。陈录城说，目前，卡奥斯已汇聚全球 390 余万家资源，服务约 4.3 万家企业和 3.3 亿用户，构建起一个庞大的生态系统。

🔡【做得怎么样】

海尔展示的用户个人定制平台，让参与制定"德国工业4.0标准化路线图"的德国电工电子与信息技术标准化委员会(DKE)主席罗兰德·本特(Roland Bent)印象深刻，他欣赏平台创造的这种互动模式。"整个流程都跟用户紧密联系起来，这将是工业4.0未来的理念。"弗劳恩霍夫研究院工业自动化应用研究中心主任、德国工业4.0顶级专家Juergen Jasperneite也认为，在智能制造体系里，"没有用户参与的生产是没有意义的"。

而这一体系，完全是海尔自主研发的成果。目前，海尔COSMOPlat已成功申请自主知识产权89项，包括32项著作权和57项专利权。这其中，不仅包括研发、制造、采购、物流等信息化系统等全流程的软件著作权，还囊括了智能设备、自动化集成、信息技术应用方法等技术创新领域的专利(图12-11)。

15项
国家科技进步奖

国家权威认可
"国家科技进步奖"作为我国科技界最高荣誉，海尔智家累计获得15项，是获得该奖项最多的家电企业，获奖总量占行业2/3。

74项
国际标准制修订

标准国际引领
海尔在四大国际标准组织(ISO、IEC、IEEE、OCF)全面主导智慧家庭国际标准的制定。截至2020年12月，海尔智家已参与74项国际标准的制/修订，以及560项国家/行业标准制/修订工作。

63%
全球发明专利占比

专利质量第一
截至目前，海尔在全球累计获得国家专利金奖9项，占行业总数60%以上；全球累计专利申请6万余项，其中发明专利3.8万余项，发明专利占比超过63%，发明专利占比中国家电行业第一。

300项
国际设计大奖

设计全球领先
累计获得国家工信部"中国优秀工业设计金奖"3项，是唯一"国家工业设计金奖"三连冠企业；累计获得国际设计金奖3项，设计大奖300项(含前述3项金奖)。

图12-11　海尔创新成果

此外，从"制造产品"的企业转型为"孵化创客"的平台(图12-12)，海尔海创汇面向全球、提供开放无边界的全球创业者加速器平台，打造了共生、互生、再生的热带雨林生态。

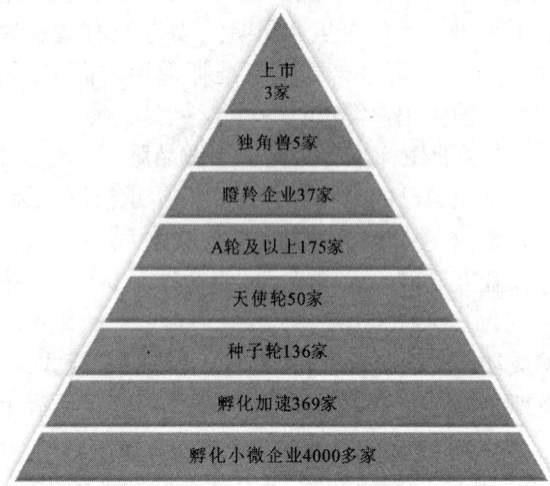

上市3家

独角兽5家

瞪羚企业37家

A轮及以上175家

天使轮50家

种子轮136家

孵化加速369家

孵化小微企业4000多家

图12-12　海创汇孵化成果

【问题】

(1) 中小企业到底需要怎样的工业互联网平台？

(2) 作为中国家电企业最先开启互联网转型的代表，海尔的成功究竟有何独特之处？

第13章
西门子灯塔工厂——"数字化企业——让工业更进一步"

西门子股份公司是全球领先的技术企业，创立于1847年，业务遍及全球200多个国家，专注于电气化、自动化和数字化领域。

西门子自1872年进入中国，140余年来以创新的技术、卓越的解决方案和产品坚持不懈地对中国的发展提供全面支持，并以出众的品质和可靠、领先的技术成就、不懈的创新追求，确立了在中国市场的领先地位。

西门子业务涵盖数字化工业、智能基础设施、交通、医疗等领域，其中西门子数字化工业集团是工业自动化、电气自动化、工业数字化、工业4.0和智能制造领域的创新引领者。西门子成为离散和过程工业数字化转型的重要推动力，提供了数字化工厂解决方案。数字化企业解决方案是西门子的核心产品，旨在为各种规模的企业提供适合的产品，并为整个价值链的整合和数字化提供一致的解决方案及服务。西门子的数字化企业解决方案针对具体行业的需求进行了优化，帮助客户缩短产品开发时间，同时提高生产流程的灵活性和效率（图13-1）。

图13-1　助力离散工业客户及过程工业客户

作为创新引领者，西门子凭借前瞻性思维考虑到更深层次的数字化转型，将人工智能、边缘计算、工业5G、自主处理系统、区块链和增材制造等尖端技术融入西门子的数字化企业解决方案中，从而推动了信息技术和运营技术的融合，实现了数据的智能化使用。西门子股份公司董事会成员兼西门子数字化工业集团CEO，何睿祺总结道，"西门子数字化工业集团致力于推动制造业和过程工业客户，在数字化转型之路上再进一步。无论您处于哪个行业，企业规模如何，我们都将凭借数字化企业解决方案以及层出不穷的创新技术，助您不断提升灵活性和生产力"（图13-2）。

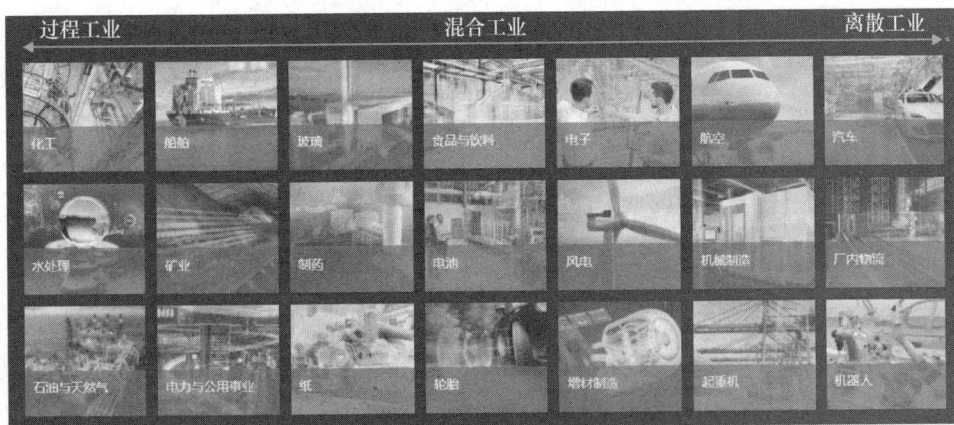

图 13-2　西门子特定行业解决方案

【缘起】

今天，消费者对品质、安全性、个性化、交付速度的要求越来越严格，这为制造厂商及其供应链带来了全新机遇和挑战。有效、快速的决策和应变能力将成为市场竞争力的源泉，传统管理方法不断被挑战。行业的出路在何方？

新的机会已在眼前。时间回到 2016 年 3 月 14 日夜间，人机对弈中扳回一局的李世石带着疲惫睡去，而 AlphaGo 在虚拟世界中又和自己下了一百万盘棋。第二天清晨，李世石还是那个李世石，AlphaGo 已是另一个存在。人工智能、增材制造、自治系统等数字化技术的潜力有目共睹：

(1) 计算速度：电脑快于人脑；

(2) 决策能力：逻辑强于经验；

(3) 试错成本：模型低于实体。

为了在制造业兑现数字化的潜力，同样是 2016 年，西门子在中国组建数字化企业部门。它的基本使命是以数字化技术革新业务模式，重新定义制造业。在汹涌的市场竞争中，数字化将帮助企业，高效灵活地以最优方式响应甚至拥抱变动性。这意味着企业将摆脱在产量、成本、质量多样性等多个 KPI 之间的艰难权衡。企业可以利用模型快速、低成本地将不断发生的技术突破、需求起伏、供应链波动、资源变动提炼为虚实结合、可执行、可预测的产品定义和生产过程。当实际生产发生在物理世界时，企业也可以利用虚拟世界监控变动性，通过实时感知、模拟选优实现敏捷响应乃至持续改进。唯有如此，大规模定制、个性化交付、闭环优化、端到端追溯等概念才成为可能。然而，数字化企业的建设复杂度和范围已经超越了传统的软硬件系统或自动化系统，因此，需要通过整体的转型规划确保新的企业级能力可以在组织内部落地生根(图 13-3)。

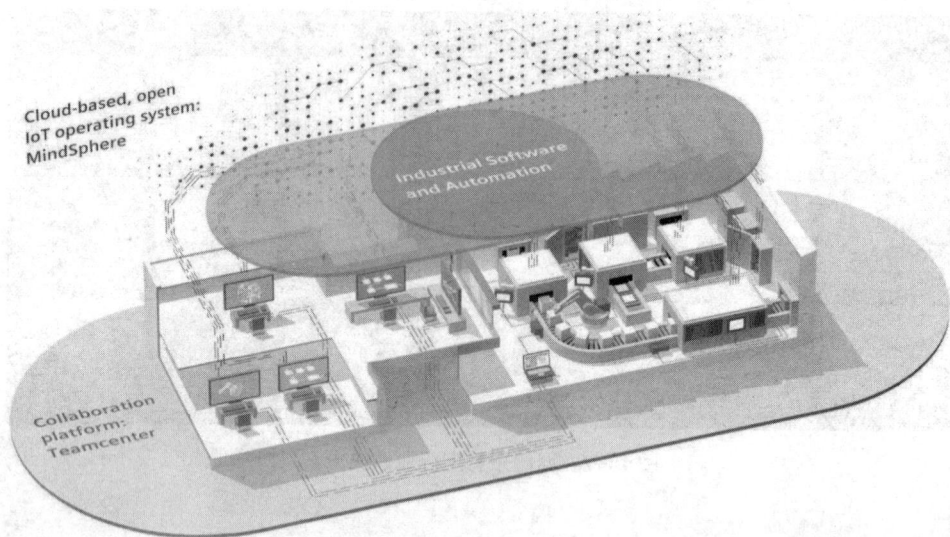

图 13-3　基于云平台的 IoT 操纵系统平台架构

✏️【做什么】

以数字化企业为代表的大规模软硬件系统集成是人类有史以来构建的最复杂的结构之一。百万量级的代码行数、万级的服务列表可能运行在成千上万台计算机中。摆在数字化实践者面前的实质问题与四千年前胡夫金字塔建设者并无二致：

（1）符合性：如何贯彻各层级业务目标？

（2）系统性：如何管理各模块的建设和使用以产生合力？

（3）易变性：如何管理变更并配合业务进化和技术演进？

（4）隐匿性：如何满足相关方的关注点并使各方互相理解？

西门子公司开发出一套数字化解决方案平台，该平台分为 5 个子系统，分别为 COMS 工程设计、SIMATIC PCS 7、SIMIT 虚拟调试、Walkinside 虚拟现实、COMOS 一体化运维。

COMS 工程设计

COMOS 软件模块覆盖工厂全生命周期，从设计、数字化移交到运维都在一个工程数据平台上进行，确保整个工厂生命周期内的数据一致性。设计院/EPC 应用 COMOS 设计模块进行工艺、电仪、自控等二维工程设计时，可自动生成并交付设计成果。

COMOS 能够实现工厂的端对端工程设计，贯穿从初步设计、基础和详细工程设计直至工厂运营的整个过程，这一方案将跨地点、跨专业地创造一种协同工作环境，提升工作效率和安全性。

在设计工厂时，许多专业和部门需要协同工作。这种多团队的协作既耗时又复杂。COMOS 一体化软件解决方案包含的 COMOS P&ID、COMOS PipeSpec 和 COMOS EI&C 模块支持用户无缝地实施项目,可确保数据一致性以及自动更新(图 13-4)。

图 13-4　COMS 工程设计可视化

SIMATIC PCS 7

SIMATIC PCS 7 从现场仪表/执行机构到控制器,再到上位机,自下而上全无缝集成的自动化机构,可实现对控制系统硬件组态、连续控制/顺序控制程序组态、HMI 画面组态、仪表设备管理等。其可伸缩性强,小到实验室系统,大到几万点的大型工厂,通过现场总线 PROFIBUS 将现场设备和驱动系统灵活的集成在一起,在化工、石油化工、制药、食品饮料、电力、水行业、环保等行业都有应用(图 13-5)。

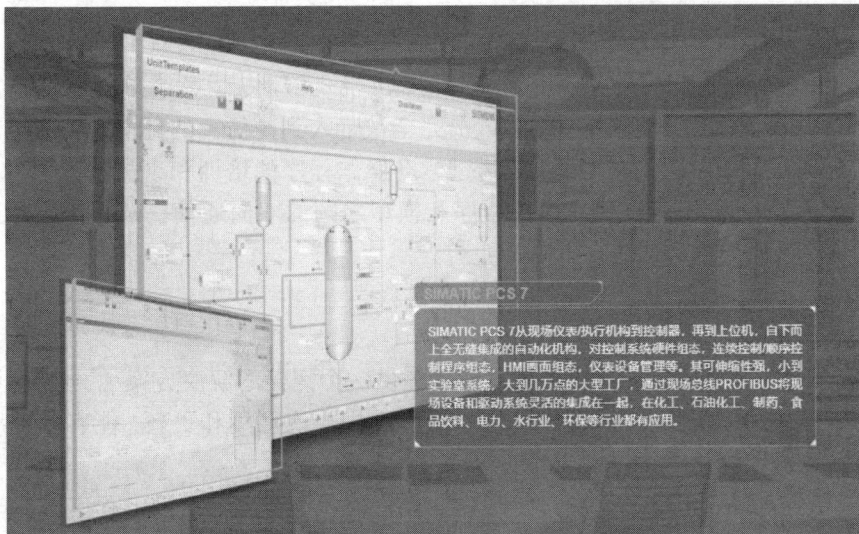

图 13-5　西门子 PCS 7 现场仪表

SIMIT 虚拟调试

SIMIT SF 是西门子开发用于模拟工艺状况和控制器执行的仿真软件，是基于模拟仿真的自动化平台；SIMIT VC 是西门子用于模拟西门子控制器特性的虚拟控制器软件。从虚拟开车到操作员培训，SIMIT SF & VC 可以仿真 SIMATIC 全部的自动化对象。西门子的操作员培训系统（OTS）的核心是 SIMATIC PCS 7 控制系统和 SIMIT 仿真框架（图 13-6）。

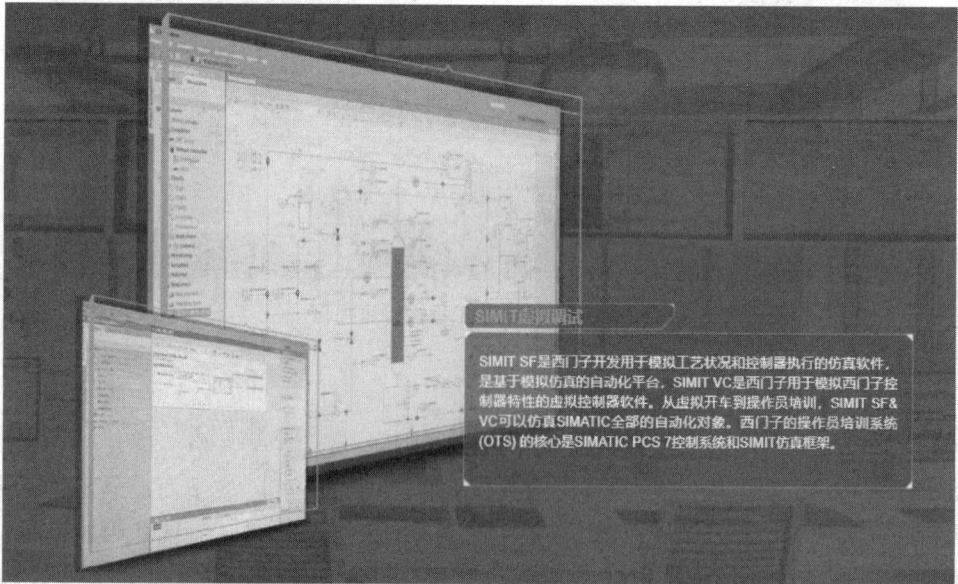

图 13-6 西门子 SIMIT SF 仿真软件

Walkinside 虚拟现实

Walkinside 软件是一款用于工程审核和演示、沉浸式培训、运营维护的三维虚拟现实软件。在其沉浸式培训（ITS）模块中，运行人员完全被带入到高仿真的环境中，进行消防演练路径模拟，并随时可获取设备文档说明，通过标准操作程序的培训和事故情况下的锻炼，提高安全性。运维模块使用 OPC 建立模拟程序和模型之间的双向通信，Walkinside 可以更快、更有效地维护、节省时间和成本（图 13-7）。

COMOS 一体化运维

COMOS 可为一个有效的工厂资产管理策略提供一个完美的解决方案，通过使用和 DCS 的双向接口，工厂的工程和设备数据可以在 COMOS 中再次利用和更新，能有效地维护策略规划，并进行执行和优化。

COMOS 结合 SIMATIC PCS 7 资产管理功能允许优化维护策略，最大程度减少非生产时间（停机），优化规划，减少材料库存的必要性，提高辨识危险能力，减少故障概率及运行维护需要（图 13-8）。

图 13-7　Walkinside 虚拟现实

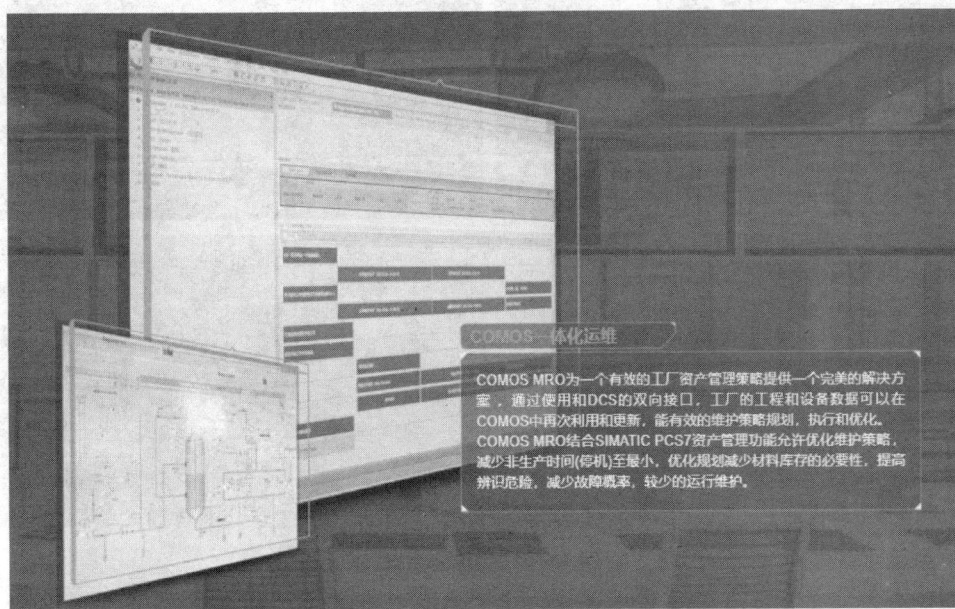

图 13-8　COMOS 一体化运维平台

　　众所周知，每个客户都有特定的想法和需求。利用西门子积累的行业市场经验，可以提供最适合客户公司的产品、服务和解决方案，有效地应用于客户所在行业领域。西门子数字解决方案可以在工业自动化、交通、楼宇科技、能源、医疗等领域为客户提供完美方案。

自动化系统

工业领域正处于第四次工业革命的开端。自动化之后是生产的数字化，目标是生产率、效率、速度和质量的提高，使公司在通向工业未来的道路上获得更高竞争力。西门子在自动化技术和生产数字化领域中的全面产品系列。

1. 自动化系统

西门子提供了适用于各种任务、各种要求的自动化系统。如工业自动化系统 SIMATIC：该系统的优点是具有端到端的一致性，它与 TIA Portal 中的一体化工程组态，有助于大大降低成本与缩短产品上市时间。又如高端运动控制系统 SIMOTION：SIMOTION 是经过实践证明的高端运动控制系统，具有适合各种机器方案的卓越性能和更高模块化水平，通过 SCOUT TIA，可在全集成自动化博途(TIA Portal)中进行一致的工程组态，驱动器内集成的 SINAMICS 安全功能也可用于定制化的安全方案；在新的软件版本中，SIMOTION 支持面向对象的编程(OOP)、OPC UA 通信协议以及不使用硬件而在工程组态时进行用户程序测试，从而在模块化、开放性和高效软件开发方面进一步扩大了其优势。再如数控系统 SINUMERIK：SINUMERIK 数控解决方案可为企业始终提供最佳机床解决方案，无论是单件生产，还是批量生产，无论是简单工件生产，还是复杂工件生产，都能满足其特定要求(图 13-9)。

图 13-9　自动化系统

2. 工业软件

西门子工业软件部可以帮助制造商实施数字化企业转型，通过 PLM 解决方案、制造运营管理(MOM)解决方案和 TIA 设备，以及 Teamcenter 这一行业领先的西门子协作平台和单一数据主干网络，实现涵盖其整个工业价值链的数字化和一体化；采用全面的西门子工业软件套件，可将 PLM、MOM 和自动化整合在一起(图 13-10)。

图 13-10　工业软件园区

3. 工业通信

工业通信是数字化企业的关键，如果没有工业通信，就不可能完成像控制机器和整个生产线、监控最先进的运输系统或管理配电之类的复杂任务。没有强大的通信解决方案，数字转型也不可能实现。使用 SCALANCE、RUGGEDCOM 和 SIMATIC NET 网络组件，并基于专业规划和实施构建适用于机器和工厂的可靠、安全网络，为所有这一切的实现提供了基础（图 13-11）。

图 13-11　SIMATIC NET

楼宇科技

西门子楼宇科技涵盖楼宇自动化、安防、消费安全等领域，其中楼宇自动化应用了 Desigo、Synco、楼宇控制 GAMMA instabus 等系统。

1. Desigo——先进的楼宇自动化系统

楼宇是人们工作、生活并用去生命中大部分时间的地方。随着全球数字化程度的不断提高，建筑也必须适应快速变化的技术和期望。西门子 Desigo 楼宇自动化系统为此提供了丰富而灵活的选择。久经验证、获得专利的 Desigo 系统已让全球数百万楼宇业主和无数用户从中获益，创造了最为健康和富有效率的空间，树立了楼宇能效的新标杆。Desigo 为客户提供了独一无二的解决方案，不管是在主厂房、房间内，还是楼宇管理系统中，Desigo 总能将所处的场所变为完美空间。

2. Synco

Synco 是适用于小型和中型楼宇建筑的楼宇自动化与控制系统，可提供完整系统解决方案所需的所有产品和工具：主设备控制、房间自动化（HVAC 和电气）、多地点远程操作和管理。远程能源监视与计费后者可通过将 Synco IC 与西门子远程计量产品和解决方案相连来实现。

3. 楼宇控制（GAMMA instabus）

新的楼宇建筑必须满足众多要求：它们必须在设计上具有吸引力，并且在日常使用中保持经济的正常运行；它们允许灵活利用空间，且能够根据具体租户的要求进行改动；照明和室内环境必须既方便又节能，且必须针对危险和破坏为人员和设备提供充分保护。今天，由于有了 GAMMA instabus，所有这些要求都可以满足。GAMMA instabus 楼宇控制产品系列提供了智能解决方案与产品，有助于实现更高能效、提高舒适度，并为楼宇的所有使用者提供一个舒适健康的环境。

▧ 【怎么做】

近十年来，西门子在全球数百个研发中心和制造基地进行了数字化转型升级，集成先进行业之共性精粹和自有标杆基地的建设运营经验，提炼了一套经过大量内外部实践验证的方法来支持制造业的数字化转型。西门子从大量的实践中总结出四种数字化转型关键方法。其中，系统工程是贯穿企业转型的线索；每个企业、车间、甚至工站，都将在数字化转型中经历系统工程的完整过程。在系统工程前期，企业架构将有助于企业进行转型的顶层规划并规避投资风险；在中后期，项目管理将帮助企业组织资源，在时间成本的约束下完成转型落地；在数字化企业的日常运维中，大量的数据将成为企业最重要的资产以完成其战略目标。所以，在这一阶段，在数据中利用客户价值共创的方法，寻找价值并进行探索将成为企业业务创新的重要手段（图 13-12）。

数字化是智能制造当中的一个阶段，从制造业的价值流角度，西门子将其提炼为五步：产品设计、生产规划、生产工程、制造现场、服务。这是制造业企业中生产产品的制造业工厂的核心的价值。汽车工业是制造业的技术趋势引领者。该工业持续保持快速发展，是新的数字化时代的驱动力。数字化可帮助汽车领域更快速和更高效地将想法成功转变为现实。下面以西门子在汽车生产中的案例来向大家介绍其智能制造数字化过程。

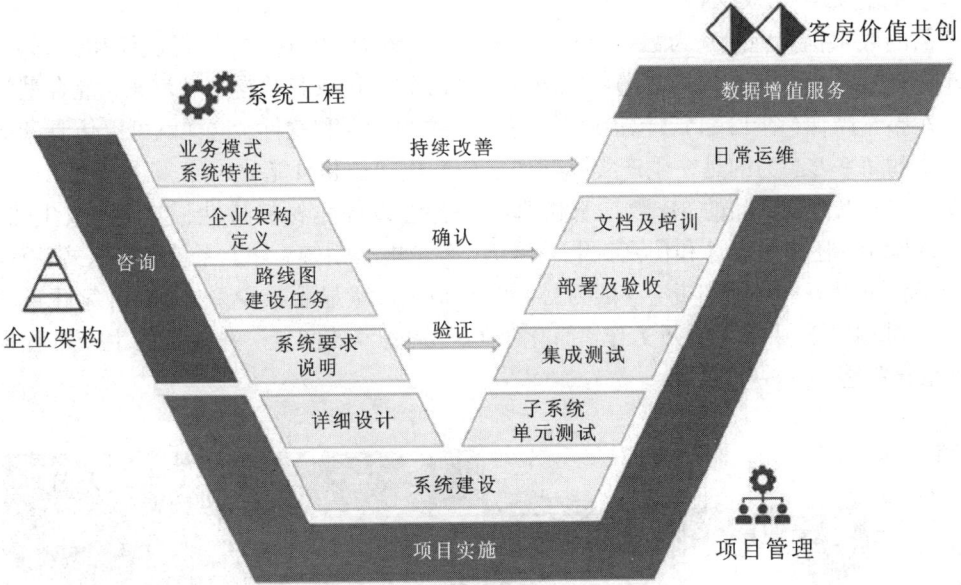

图 13-12　数字化转型周期

用于创建汽车领域数字化双胞胎的整体方案提供了显而易见的好处：它可大大减少新车开发期间所需的原型车数目，并能够预测生产单元和产品本身的性能。而且，它能确保您可根据客户在定制化和驱动方案方面的预期进行生产。

数字化企业业务组合中的一体化尖端技术能够实现数据的智能应用。信息技术与运营技术相融合，为工业领域数字化转型铺平道路。汽车工业中的数字化双胞胎是汽车或生产装置的精确虚拟模型。它显示了产品或工厂整个生命周期内的发展状况，使操作人员能够预测行为和优化性能，深入吸取以前的设计和生产经验。通过使用数字化双胞胎执行"推测"方案并预测将来的性能，可获得巨大价值。数字化双胞胎的最终目标是实现产品开发和生产规划的虚拟环境与实际生产系统和产品性能之间的闭环连接。通过这种连接，可获得实际生产环境的可执行洞察力，以便在产品和生产运营的整个生命周期内做出明智决策。西门子的数字化双胞胎综合方案包括三种形式：产品的数字化双胞胎、生产的数字化双胞胎和性能的数字化双胞胎（图 13-13）。

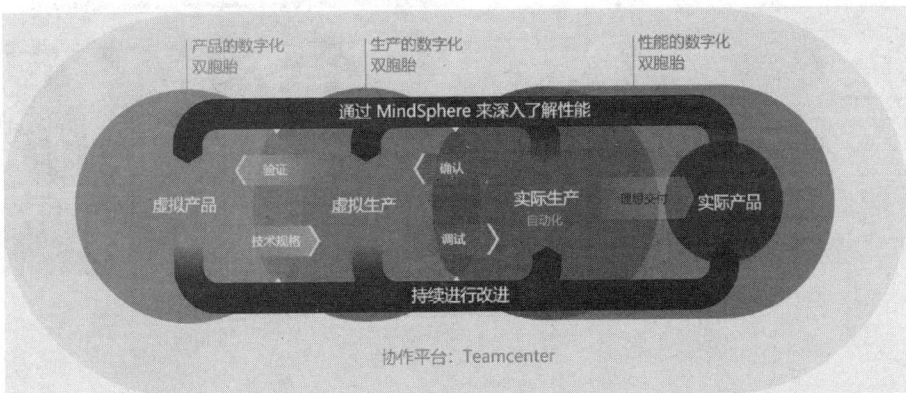

图 13-13　完整的数字化双胞胎

1. 产品的数字化双胞胎

产品的数字化双胞胎是为数字化提供一个完全虚拟的环境，并进行设计和仿真。目前，新汽车的开发几乎都是在虚拟环境中完成的。产品数字化双胞胎是电动汽车、混合型汽车获常规汽车整车映像(图 13-4)，包括机械、电气、物理特性和软件，这样就可以仿真和显示开发过程中的每一步，为的是在生产实际部件之前发现问题和可能的故障。

例如，可以使用产品的 3D 数据来仿真物理特性以优化材料特性、空气流或生热状况。在虚拟环境中，还可以设计和仿真机电一体化系统、电子系统、片上系统和嵌入式软件。

数字化可以节省时间和资金，因为必要的原型机数量显著减少。另外，数字化还可使不同部门针对相同项目同时展开工作，简化不同产品型号的配置，并为新的生产过程提供支持，如增材制造。

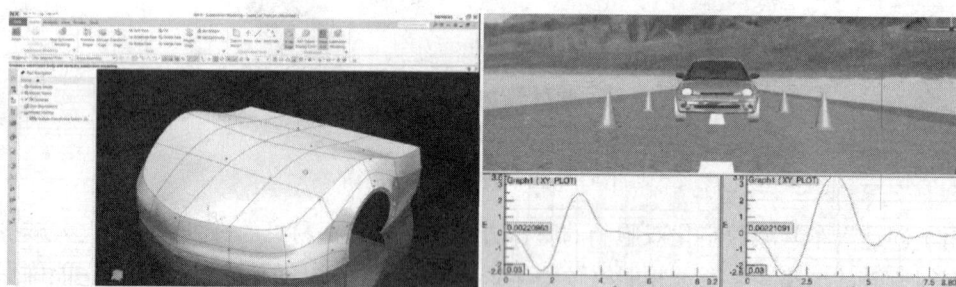

图 13-14　利用数字双胞胎进行新车的设计与仿真

2. 生产的数字化双胞胎

生产的数字化双胞胎的主要目标是优化生产规划，确保其平稳运行。生产的数字化双胞胎包含从编程至自动化硬件的所有方面，可用来在生产开始之前，通过对新生产单元或生产线进行虚拟调试来优化生产。通过生产的数字化双胞胎，可在一个全虚拟环境中规划整个生产过程。从布局设计到物料流和可能瓶颈的可视化，直至自动化硬件的 PLC 代码仿真，虚拟调试有助于对新生产线进行测试和优化，以便缩短实际调试的时间、减少工作量并降低风险(图 13-15)。

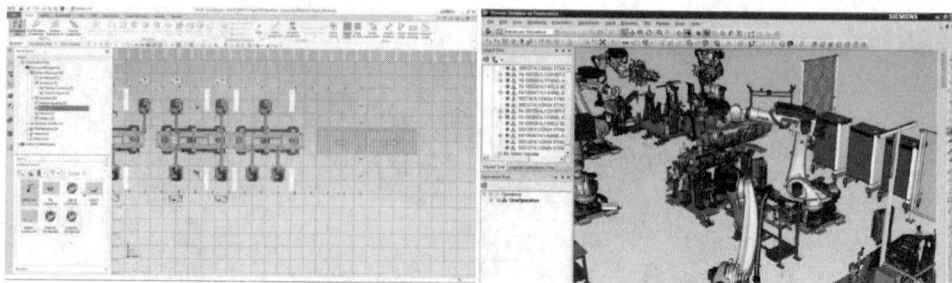

图 13-15　利用生产数字化双胞胎进行生产规划和生产执行

3. 性能的数字化双胞胎

性能的数字化双胞胎旨在通过维护实现生产力最大化，并将质量管理和数据分析提高到新水平。性能的数字化双胞胎包括生产性能与产品性能。产品和生产设施不断向其输入数据，从而可进行新的深入分析。由于与集成自动化组件进行连接，车间将提供所有相关数据，随后在云中对数据进行分析以实现整个价值链的连续优化。为了达到最高效率，可通过将最佳操作序列与可用的工厂资源和限制进行匹配来优化生产操作序列。数字化质量管理软件可确保生产质量极高的产品，对生产阶段的质量偏差会立即进行通报，从而针对质量问题采取主动行动而不仅仅是进行响应。

经由 Mind Sphere 将所有深入分析结果反馈到整个价值链中（直至产品设计），将产生一个完全封闭的决策循环，用于在现实生产环境中连续优化生产和产品（图 13-16）。

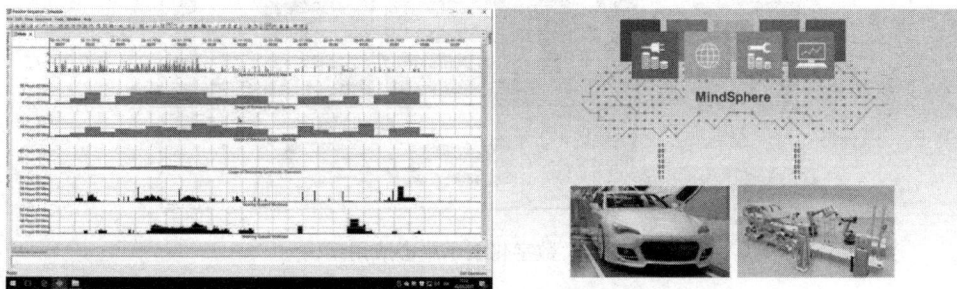

图 13-16　利用性能数字化双胞胎进行生产性能和数据转换

⊞【做得怎么样】

西门子成都工厂（SEWC）每天生产约 3.8 万个工业自动化产品。SEWC 以其对工业 4.0 技术的深入应用闻名于世，并于 2018 年位列世界经济论坛 9 大灯塔工厂之一。事实上，在过去数年，SEWC 就已作为制造业先进技术投资策略的范本，每年接待上万访客。SEWC 利用西门子数字化企业套件，成为西门子在中国第一家集研发、制造、质量控制和物流等体系于一身的数字化研发生产基地。数字化企业的理念帮助 SEWC 在白领员工人数不变的情况下，保持着高速增长：

(1) 年产值提升 4 倍（2013—2018 年）；

(2) 蓝领人均产值年增长 20%；

(3) 每年新增 50 种量产产品；

(4) 以 99.5% 的可靠性保证 7×24 小时生产；

(5) 每 2 秒产出一台产品。

极高的柔性：

(1) 总共支持 800 多种产品生产；

(2) 每天发生 160 次换模；

(3) 每条产线可混线生产逾 70 种产品。

极致的质量：

（1）从产品到零部件，100%透明和追溯；

（2）每天产生 1 千万比特的结构化数据；

（3）确保 99.999% 的过程质量。

位于苏州的西门子数字化展示中心，以高度定制化的工业按钮为例，全面展示数字化企业各阶段的端到端无缝集成：产品设计、生产规划、生产工程、生产制造、产品服务无缝集成。其中利用数字化双胞胎实现大规模定制是一大亮点（图 13-17）。

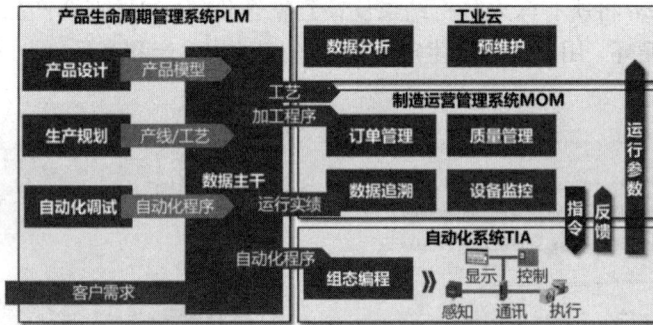

图 13-17　数字化展示中心应用架构

西门子股份公司（总部位于柏林和慕尼黑）是全球领先的技术企业，成立 170 余年来，始终以卓越的工程技术、不懈的创新追求、优良的品质、出众的可靠性及广泛的国际性在业界独树一帜。西门子业务遍及全球，专注服务于楼宇和分布式能源系统的智能基础设施，以及针对过程工业和制造业的自动化和数字化等领域。西门子致力于促进数字化世界和物理世界的融合，让广大客户乃至全社会受益。通过其交通业务，西门子正帮助塑造全球客运和货运服务市场。西门子交通业务是轨道和道路交通领域领先的智能交通解决方案供应商。凭借在上市公司——西门子医疗的多数股权，西门子也是医疗科技和数字化医疗服务领域全球领先的供应商。此外，西门子持有西门子能源的少数股权，西门子能源是全球输电和发电领域的领军企业，自 2020 年 9 月 28 日起在证券交易所上市。西门子自 1872 年进入中国，140 多年来始终以创新的技术、卓越的解决方案和产品坚持不懈地对中国的发展提供全面支持。

目前，仅数字化工业集团、智能基础设施集团、交通业务和西门子医疗所覆盖的市场规模就达到 4400 亿欧元（以 2020 年为基准）。从当前到 2025 年，这些市场将以每年 4% 至 5% 的速度增长。通过融合深厚的行业积淀与数字化能力，西门子具备强劲实力，能够进一步提升市场地位，并将努力在这些领域取得持续的营利性增长。

同时，西门子计划进入一些极具吸引力的相关市场，其市场规模高达 1200 亿欧元。为了开拓这些市场，公司将专注于有机增长和无机增长的结合。对全球领先的电子价值链信息服务商 Supplyframe 的收购和具有变革意义的对瓦里安医疗系统公司（Varian medical systems, Inc.）的收购就是具有代表性的例子。

未来，西门子数字化工业业务将有三大驱动力：

（1）市场驱动。国家在 5G、边缘计算、云计算、工业互联网等新型基础设施建设上加大投资，为数字化工业发展创造了良好的市场环境。

（2）"内循环"驱动。中国在内陆、西部等区域仍有较大的发展空间，很多客户正在从沿海地区向中部、西部迁移，数字化转型需求增多。

（3）消费需求驱动。消费者对个性化定制产品的需求与日俱增，从而拉动了工业制造领域对敏捷开发、柔性生产的需求，进而驱动了数字化工业发展。

📑【问题】

（1）西门子数字化转型核心方法有哪些？

（2）西门子在数字化转型中取得了哪些成果？

第14章
中集集团灯塔工厂——"自强不息，追求卓越"

中国国际海运集装箱(集团)股份有限公司(简称中集集团)，是世界领先的物流装备和能源装备供应商，总部位于中国深圳。公司致力于在如下主要业务领域，如集装箱、道路运输车辆、能源化工及食品装备、海洋工程、重型卡车、物流服务、空港设备等，提供高品质与可信赖的装备和服务。中集车辆是中集集团旗下优质上市公司，目前主要产品包括半挂车、专用车上装及整车、冷藏厢式车厢体及整车、半挂车及专用车零部件等。中集车辆从2014年起开始探索建设"高端制造体系"，目前在境内外已建成12家半挂车生产灯塔工厂、6家专用车上装生产灯塔工厂、2家冷藏厢式车厢体生产灯塔工厂，并搭建了多个系列半挂车产品的"产品模块"，公司将继续致力于全面搭建和完善"高端制造体系"，保持公司的持续竞争优势。

"高端制造体系"是对传统制造体系的革新。2020年，中集车辆基于集团内各个核心子公司的最佳实践，并结合工业4.0的特点，提炼出高端制造体系的四大基石：升级产品模块、完善灯塔工厂、启动营销变革及推动组织发展。通过"高端制造体系"赋能，结合"跨洋经营当地制造"经营模式及全球供应链优势，中集车辆已形成具有核心竞争力的跨国运营格局(图14-1)。

图14-1　中集车辆展览区

📖【缘起】

目前，全球制造业已经进入转型升级、变革重构的新时代。而在本轮变革过程中，作为制造业的集大成者，汽车制造产业首当其冲。汽车制造业将加快推动新一代信息技术与制造技术融合发展，把智能制造作为工业化、信息化两化深度融合的主攻方向，充分利用智能装备和智能产品，推进生产过程智能化，培育新型生产方式，全面提升企业研发、生产、管理和服务的智能化水平(图 14-2)。

愿景
成为所进入行业的
受人尊重的全球领先企业。

使命
为物流和能源行业提供高品质与可信赖
的装备和服务，为股东和员工提供良好
回报，为社会创造可持续价值。

核心价值观
诚信正直、成就客户
开拓创新、持续改善
合作共赢、结果导向

图 14-2 中集集团经营理念

半挂车、专用车制造行业相较于乘用车制造业起步较晚，但新一轮制造业革命将驱动行业快速升级，缩短与乘用车先进制造水平的差距。半挂车、专用车制造行业的发展重点在于制造过程智能化。行业内企业正在通过建立智能工厂、数字化车间，加快人机智能交互、工业机器人、智能物流管理等技术和装备在生产过程中的应用，促进制造工艺的仿真优化、数字化控制、状态信息实时监测和自适应控制(图 14-3)。

2020 年 5 月，国家发改委、工信部等 17 个部门共同启动"数字化转型伙伴行动"，构建"政府引导—平台赋能—龙头引领—机构支撑—多元服务"的联合推进机制，并陆续出台一系列举措，以促进企业的数字化转型。

为顺应行业发展潮流，中集车辆加大研发投入，以研发创新促进公司发展。公司通过对核心产品模块进行数字化升级，提升新一代产品的竞争力；通过新建实验中心，提升公司的新品测试能力，保障新品的使用性能及安全性能；通过数字化升级，将公司总部及各子公司纳入统一的信息化管理平台，促进管理效率提升，并进行新营销平台的建设及开发，建设新营销变革的基础设施，促进公司营运能力的增强。

中集车辆以总部的数字化转型为龙头，制定了全面推动"全球运营"管理体系数字化蓝图：数字化的产品模块、数字化时代的试验中心、数字化时代的全球运营中心。目前，中集

图14-3 汽车制造业数字化

车辆已初步建立了半挂车模块化研发与设计体系，轻量化、耐用型水泥搅拌车上装以及环保型城市渣土车上装的模块化研发及设计体系，冷藏厢式车厢体的模块化研发及设计体系，并将对上述产品设计进行全面的数字化升级。

✎【做什么】

2018年6月29日，"中集集团智能制造升级委员会"正式成立。该委员会主任由中集集团副总裁李贵平担任，各制造板块的总经理以及部分总部部门的总经理担任委员（包括集团副总裁黄田化、集团总裁助理秦钢、集团高级科技顾问刘春峰、能化板块总经理杨晓虎、空港板块总经理郑祖华、模块化建筑总经理朱伟东、集团人力资源部总经理李勇、集团CIO潘进杰、集团战略发展部总经理陶宽），以确保组织的权威性和专业性。

"智能制造"是中集集团未来发展的重要方向之一，该委员会的成立，标志着作为行业引领者的中集集团站在战略层面，加快以智能制造提升生产效率的步伐，是中集集团推进智能制造的具体举措和重要实践。

在当前国际经济摩擦和中美贸易战的大背景下，全球经贸环境由"蜜月期"进入"坎坷期"。作为行业领军者，中集集团时刻把握市场脉搏，积极对发展布局做前瞻性思考，并从更高层面思考智能制造对于集团未来发展的意义，谋求通过更好的配置资源、配置人才、布局未来市场，夯实中集集团的制造基础，强化中集集团的竞争优势。

中集车辆板块在智能制造方向上的探索和实践时间起始时间较早，其灯塔项目从2014年启动到2016年完成，建设完成行业最领先的生产线，取得作业人员减少50%、效率提升40%等显著的成果。

中集集装箱板块从2017年7月开启"龙腾计划"，并取得阶段性成果，通过综合评审，宁波中集龙腾开拓者项目完成结题，被评审为委员会孵化成功的1#项目。在教导团的指导下，项目团队通过完成集装箱先进智能制造生产线的详细规划，并应用先进和成熟的制造技术和工艺，基本达成规划目标：成本递减6%，安全绿色环保，产品设计周期缩短50%，品质提升50%，并解决企业转型过程中遇到的效率、质量、盈利、HSE、招工等相关问题，申请发明及实用新型专利17项进行相关知识产权保护（图14-4）。

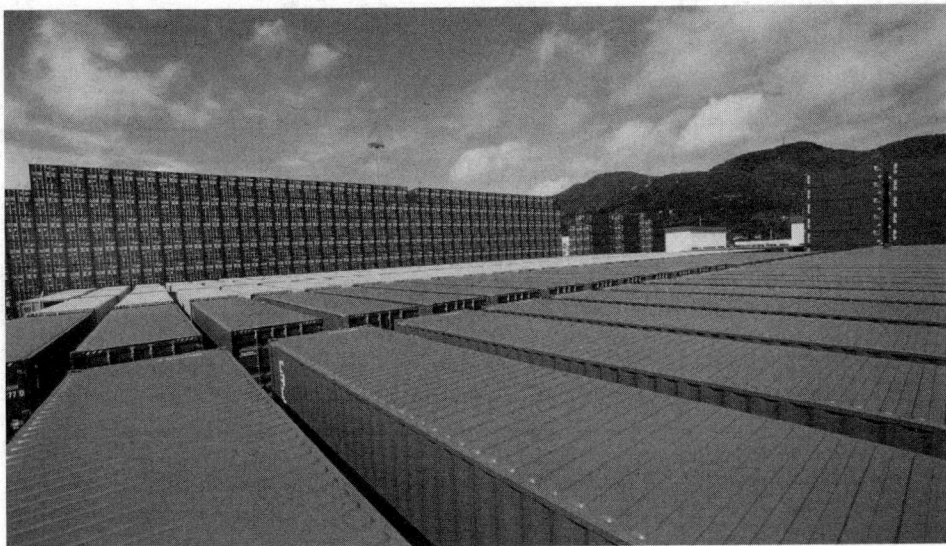

图14-4　中集集装箱

宁波中集龙腾开拓者项目在完成技术规划的同时，也培养了一批年轻有为的技术人才，为集装箱行业智能制造升级的组织革新做好储备，该项目得到委员们的高度认可。中集集团副总裁黄田化表示，宁波中集的先进智能制造产线规划是集装箱板块"龙腾计划"的首个完成规划的项目，对于项目的规划成果"照单全收"，后续该项目将按照规划制定详细的实施方案，投资落地。

≫ 【怎么做】

中集集团治理层以及管理层高度重视集团的可持续发展，建立了绿色发展计划和推进方案，加强企业社会责任管理，持续完善治理和管理机制，同时积极响应联合国可持续发展等16项目标，应对可持续发展风险并抓住与风险伴生的商业机遇。

可持续发展管理

中集集团拥有源自蛇口改革初期就有的创新意识、务实拼搏精神、市场观念、国际化视野以及良好的制度设计，在风云变幻的全球形势中，坚持制造业，脚踏实地，用国际化的眼光和水准走出了一条实业强企之路。一直与时俱进的中集，根据内外部环境的变化，深明全社会对企业履行社会责任已形成共识、可持续发展已成为全球趋势。为此，中集集团充分识别实现可持续发展过程中面临的风险和挑战。

中集集团的可持续发展管理聚焦企业核心功能与使命，通过科学运营为社会提供优质、安全的产品与服务，以"有质量增长"为工作原则，明确将可持续发展战略作为公司发展战略的子战略，构建中集可持续发展能力(图14-5)。

图14-5 中集集团绿色发展"三步走"战略

企业社会责任管理

中集集团坚持落实已有的社会责任管理办法，逐步建立社会责任与可持续发展管理体系和监督考核机制，用业绩考核机制推动监管企业落实社会责任，并在实践中取得了较好的效果。中集集团把社会责任作为考核体系的一个重要指标，以关键绩效指标考核为抓手，引导、推进企业履行社会责任工作，并合理设置指标，分类施策。例如集团与板块的业绩合同中明确了 HSE 指标的考核方案，同时各板块和企业均建立了 HSE 的考核机制，细化针对不同等级事故和负面事件的考核方案，并与组织及个人奖惩挂钩。该考核方案突出实效，注重科学和可操作性，为探索企业社会责任纳入绩效考核的良好运作机制，发挥了实质作用(图14-6)。

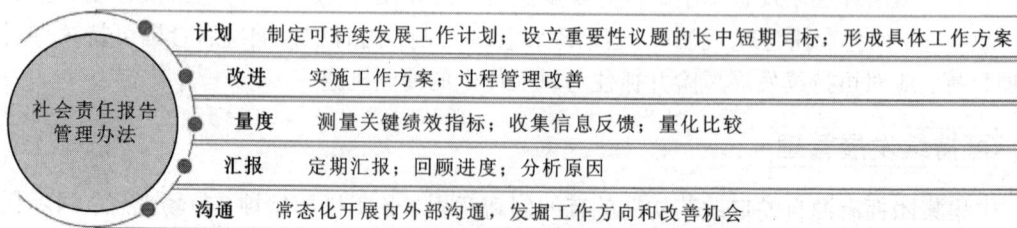

图14-6 中集集团社会责任报告管理办法

珍惜资源、保护生态

中集集团积极响应国家建设资源节约型企业的号召，将资源节约摆在企业发展的重要位置，致力推行低碳化、循环化和集约化的生产模式，力求实现资源利用最大化。

中集集团将资源、能源消耗纳入管理指标，鼓励企业优先使用环保材料、可再生资源、清洁能源和节能设备，同时鼓励企业通过汰旧换新、提高能效、改进工艺、挖潜增效、加强维护、减少损耗、科学用能等各种措施，不断寻求节能改善空间，建设资源节约型、环境友好型企业(图 14-7)。

抽真空系统节能工程

南通能源对抽真空加热工序进行改造，建设双层抽真空烘房。将两台设备上下叠装，同时进出烘房，烘房采用高容重岩棉板，地面同样进行保温处理，整体保温效果明显。单台产品天然气用量降低约500立方米。

消防车调试用水回收

沈阳捷通公司的消防车出厂前调试需要带水运行一次，检测水系统压力参数，每次需要8-10吨水。2020年制作试验水回收循环使用装置，每次可回收75%试验水。按150台／年产量计算，可节水900吨／年。

图 14-7　节能降耗案例

多元化产品创新

近几年，在进行战略升级和业务转型过程中，中集集团确立了以"创新推动价值增长"为导向的"技术牵引型"科技创新机制，不断推进新产品、新技术、新工艺和装备的研究开发，以及符合产业发展的重大科技项目的引进和孵化。根据中集集团产业分布格局，确立了"研究院"和"技术中心"相结合的研发体系，持续推动技术创新和产品升级。

2020 年，中集集团启动《2021—2023 年战略规划》，将科技创新与产品规划列入重点职能规划，希望通过产品梳理、科技创新和两化融合等战略举措，提升企业卓越营运水平和盈利能力，实现有质增长。在此背景下，中集集团组织开展了一系列科技创新活动。

中集集团积极打造集团一体化的科技创新生态体系，形成"统一整体，三级协同"的科技创新管理体制和敏捷协同创新机制，未来将建设"一网覆盖，全面共享"的开放式创新平台(图 14-8)。

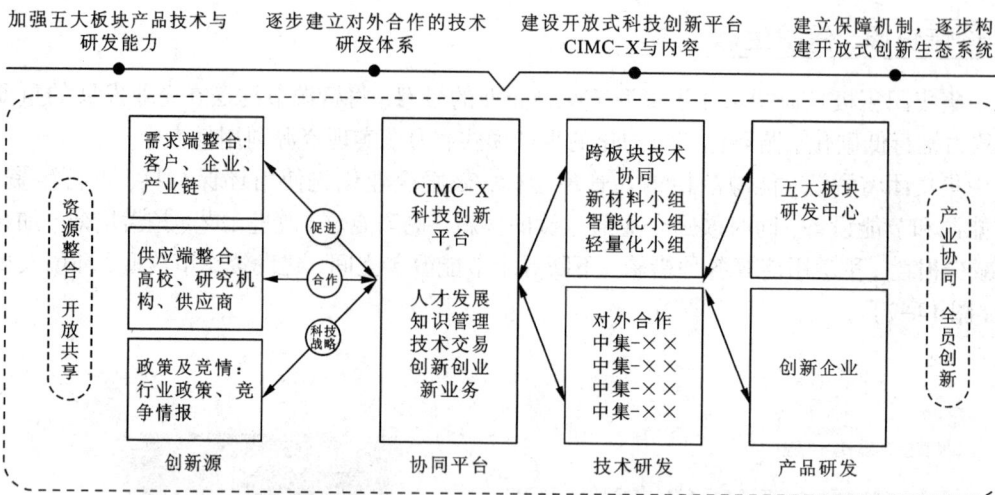

| 加强五大板块产品技术与研发能力 | 逐步建立对外合作的技术研发体系 | 建设开放式科技创新平台CIMC-X与内容 | 建立保障机制，逐步构建开放式创新生态系统 |

图14-8　构建中集开放式科技创新平台

引领行业，共同发展

作为多个行业的领先者，中集集团积极参与行业标准或规范的制定，推动研发成果转化及各业务板块所在行业的健康持续发展。截至2020年底，中集集团在集装箱、专用车辆、能源化工装备、空港设备等产品领域参与国际、国家和行业标准制订约170项，正式发布的国家或行业标准70多项。中集集团及所属企业共加入57家协会，并在45家协会中担任理事长、理事、会长、副会长等职务，为协会及行业发展做出了积极的贡献(图14-9)。

集装箱板块

- 模范遵守中国集装箱行业协会向全行业发出的《推进中国集装箱行业健康可持续发展行动倡议书》，从安全、环保、健康、质量和产能五个方面切实贯彻行业健康可持续发展行动倡议。

- 在ISO、国标、行业标准方面，2020年集装箱板块共主持编制/修订7项国际、国家、行业的标准。

- 2020年中集冷云受邀参与由交通运输部、国家卫生健康委、海关总署、国家药品监督管理局国家四部门联合印发《新冠病毒疫苗货物道路运输技术指南》的编写工作，入选国家交通运输部第一批新型冠状病毒疫苗货物道路运输重点联系企业。

车辆板块

- 中集车辆对搅拌罐模块和搅拌叶片模块进行了三次迭代升级，使产品具有运输混凝土坍落度范围广（适用范围120~240 mm）、进出料速度快、适用长距离运输等特点，在行业内处于领先地位。

- 中集车辆协同中国汽车工业协会专用车分会召集行业内优秀的20家挂车企业，召开挂车G20第二届第一次大会。挂车G20旨在通过合法经营、资源共享、加强自律、抱团发展，共同推动行业健康发展。

海工板块

- 中集来福士与中广核新能源山东分公司签署海上风电战略合作协议，就海上风电产业开展深度合作，为能源结构转型和新旧动能转换提供绿色动力。

- 由中集来福士承接海洋石油工程（青岛）有限公司的全球首座十万吨半潜式生产储油平台S005陵水17-2项目大合拢工程施工顺利完成。

图14-9　各板块行业引领作用

142

▦【做得怎么样】

中集通过数字化智能化升级，向新业务领域拓展和延伸，其中很重要的一个目的就是打造更多世界冠军产品，这对提升中集的全球影响力及其持续有质增长，具有重要意义。

近年来，中集对拥有的 20 多个冠军产品进行深入分析，分析结果显示，尽管这些冠军产品为中集制造业贡献了大部分销售额和利润，但中集冠军产品的毛利率水平、技术创新能力、智能化技术程度等，与欧美发达国家的冠军企业相比，还存在一定的差距，在冠军产品的产生领域也还存在一定的局限。

"中集是一家高度市场化和全球化的跨国企业，要想在未来的全球竞争中继续保持龙头地位，就必须提升现有冠军产品利润率，打造更多未来冠军产品"，麦伯良表示。

2018 年，中集集团首次明确提出了打造冠军工程战略，将通过"精益管理+科技创新"，推动产品创新和制造技术升级，提升现有冠军产品竞争力和盈利率，同时将沿着"智能制造、智慧物流"的战略发展方向，积极在冷链物流、天然气储运、消防装备等产业链中具备核心优势的细分领域内增加 10 多个冠军产品。未来几年，计划形成 30 个冠军产品群蓝图，为中集贡献更多的销售额和净利润。

中集集团发布的 2019 年半年报显示，中集上半年营收 427 亿元，保持稳健发展。在国际经济形势错综复杂的大背景下，中集能如此稳健发展，与其冠军工程战略所产生的积极效果密切相关。中集集团 2020 年可持续发展成果如图 14-10 所示。

麦伯良表示，不管国内外经济形势发生怎样的变化，经济全球化是不可逆转的历史大势，将为世界经济发展提供持续动力。中集将坚持立足世界、放眼全球，坚定走全球化之路，坚定转型升级及业务有限多元化，持续有质增长。

▤【问题】

(1)在发展汽车制造业方面，中集集团有哪些突出贡献？
(2)未来汽车制造业方面，中集集团还可以有哪些发力点？

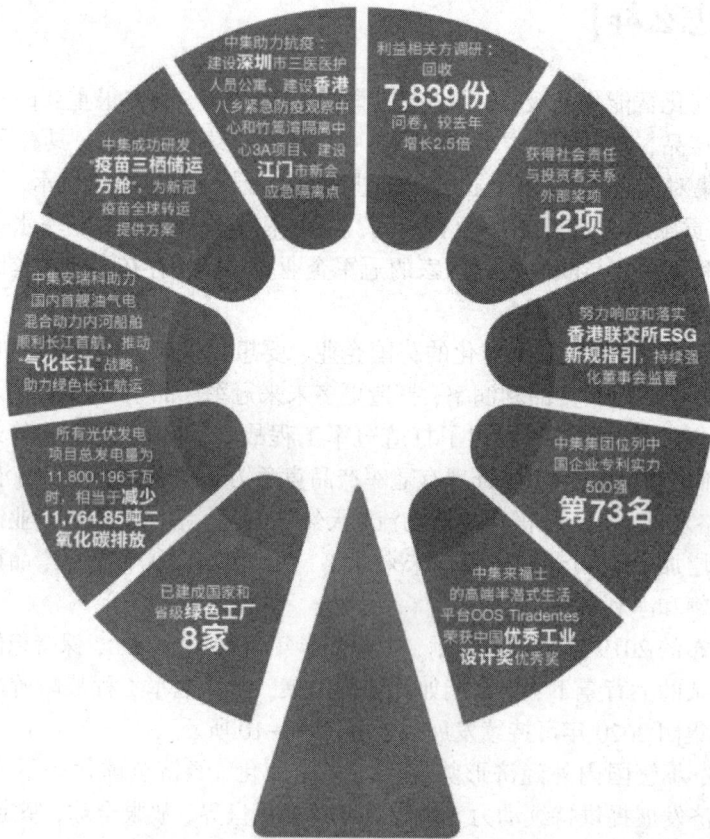

图 14-10　中集集团 2020 年可持续发展成果

参考文献

［1］　刘凌，付福兴.智能制造原理、案例、策略一本通［M］.北京：电子工业出版社.2020.

［2］　范君艳，樊江玲.智能制造概论［M］.武汉华中科技大学出版社.2019.

［3］　吕惠芳.智能制造［M］.北京中国商业出版社.2020.

［4］　刘强，丁德宇.智能制造之路［M］.北京机械工业出版社.2017.

［5］　邓广福.智能制造导论［M］.西安西安电子科技大学出版社.2016.

［6］　李杰，倪军，刘宗长.从大数据到智能制造［M］.上海上海交通大学出版社.2016.

［7］　张明文.智能制造与机电一体化技术应用初级教程［M］.哈尔滨哈尔滨工业大学出版社.2021.

［8］　三一.2016 世界智能制造展览会揭开三一智造的神秘面纱［J］.工程机械，2017，48(1)：1.

［9］　郑超凡.数字化转型对企业业绩的影响路径研究［D］，郑州航空工业管理学院，2020.

［10］　赵良.智能制造商业模式研究——以海尔为例［D］.北京交通大学，2018.

［11］　周晓荷.中德制造业企业合作—基于智能制造视角的分析［D］，北京外国语大学，2017.

［12］　三一重工.工程机械行业数字化转型的典范 —三一重工［EB/OL］. http://news. 10jqka. com. cn/20210122/c626420855. shtm.

［13］　工信部.工信部白皮书［EB/OL］. https://shupeidian. bjx. com. cn/html/20180201/878282. shtml.

［14］　冷单，王影.我国发展智能制造的案例研究［J］.经济纵横，2015(8)：4.

［15］　三一重工.献礼百年！三一(重庆)智能制造生产线投产［EB/OL］. https://www. cehome. com/news/20210713/268730. shtml.

［16］　中国大数据产业观察网.2021 世界经济论坛白皮书［BE/OL］. https://xw. qq. com/cmsid/20210419A06AEF00.

［17］　邵阳电视台.三一"灯塔工厂"：以大数据赋能智能制造［BE/OL］. https://www. sohu. com/a/441676360_120209945, 2020. 12. 13.

［18］　工业新基建.【智能制造】探寻 5 座灯塔工厂背后的故事！［BE/OL］. https://3g. k. sohu. com/t/n566253621, 石榴大姐每日资讯解读. 2021. 11 .11.

图书在版编目(CIP)数据

灯塔工厂概论 / 邓秋香, 徐作栋, 胡江学主编.
—长沙: 中南大学出版社, 2022.1(2023.8 重印)
ISBN 978-7-5487-4640-9

Ⅰ. ①灯… Ⅱ. ①邓… ②徐… ③胡… Ⅲ. ①高技
术企业－企业管理－研究 Ⅳ. ①F276.44

中国版本图书馆 CIP 数据核字(2021)第 179547 号

灯塔工厂概论
DENGTA GONGCHANG GAILUN

主编 邓秋香 徐作栋 胡江学

□责任编辑 谭 平
□责任印制 唐 曦
□出版发行 中南大学出版社
　　　　　社址: 长沙市麓山南路　　　　邮编: 410083
　　　　　发行科电话: 0731-88876770　　传真: 0731-88710482
□印　　装 长沙市宏发印刷有限公司

□开　　本 787 mm×1092 mm 1/16　□印张 9.75　□字数 243 千字
□版　　次 2022 年 1 月第 1 版　　　□印次 2023 年 8 月第 3 次印刷
□书　　号 ISBN 978-7-5487-4640-9
□定　　价 32.00 元